Apache Spark ビッグデータ性能検証

伊藤 雅博、木下 翔伍＝著

ユースケースで徹底検証！
Sparkのビッグデータ処理機能を試す
Kafka+Spark Streaming+Elasticsearch

インプレス

目　次

第1章　Spark Streamingの概要と検証シナリオ

ビッグデータ向けの処理基盤として「Apache Spark」（以降、Spark）が注目を集めています。Spark は世界中で利用が進んでおり、アメリカの Uber や Airbnb、イギリスの Spotify といった企業から、CIA などの政府機関まで広く利用されています。

Spark にはストリームデータを処理する「Spark Streaming」というコンポーネントがあります。本書では、Spark Streaming とその他の OSS を組み合わせたストリームデータ処理システムを構築し、その性能検証結果を紹介していきます。

Spark は複数のコンポーネントで構成されており、Spark Streaming はその 1 つです。Spark Streaming について説明する前に、まず Spark および Spark と関連の深い Hadoop について説明します。

1.1　Hadoopとは

情報システムでは、日々多くの各種業務ログや Web ログ、オフィス文書、メール等のデータが生み出されています。加えて、近年は IoT（Internet of Things）への注目の高まりから、様々なセンサー機器でデータが生成されるようになり、情報システムが扱うデータは大規模化しています。

このデータ量の増加に伴って従来のバッチ処理に時間がかかり、予定時間に完了しないという事態が発生しています。そこでビッグデータ向けのバッチ処理基盤として「Hadoop」に注目が集まり、利用されるケースが多くなってきています。

Hadoop は構造データや非構造データを含む大量のデータを入力として、収集蓄積、加工、マイニングや分析、可視化や活用などを高速に実施する処理基盤です（図 1.1）。Hadoop は

「MapReduce」と呼ばれる処理で入力データを分割して並列分散処理（Map）し、その結果を集約（Reduce）して出力データを生成します。

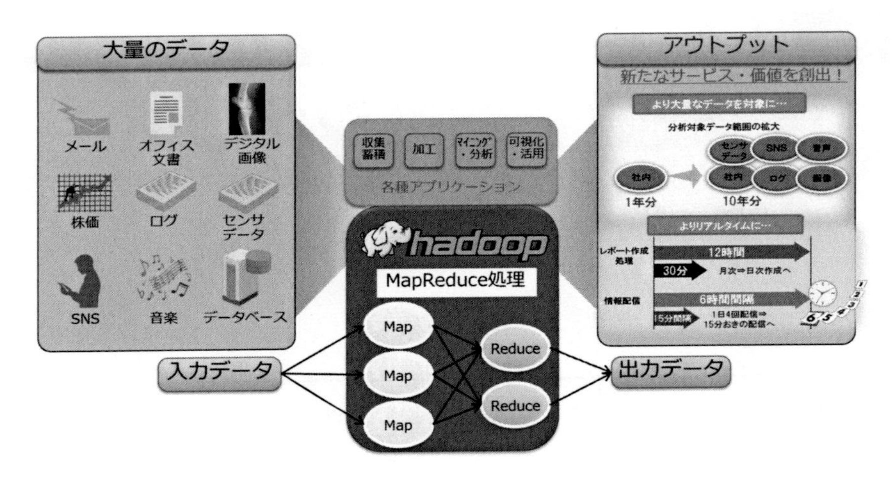

図 1.1　Hadoop の概要

現在主流となっている 2.x 系の Hadoop は、以下のコンポーネントから構成されます。

- MapReduce：バッチ処理の並列分散処理フレームワーク
- YARN　(Yet Another Resource Negotiator)：クラスタリソース管理
- HDFS　(Hadoop Distributed File System)：分散ファイルシステム

複数台のマシンで構成されるクラスタ上に HDFS が分散ファイルシステムを構築し、YARN がクラスタの CPU、メモリなどのリソースを管理します。そして YARN 上でバッチ処理の並列分散処理フレームワークである MapReduce が動作します（図 1.2）。

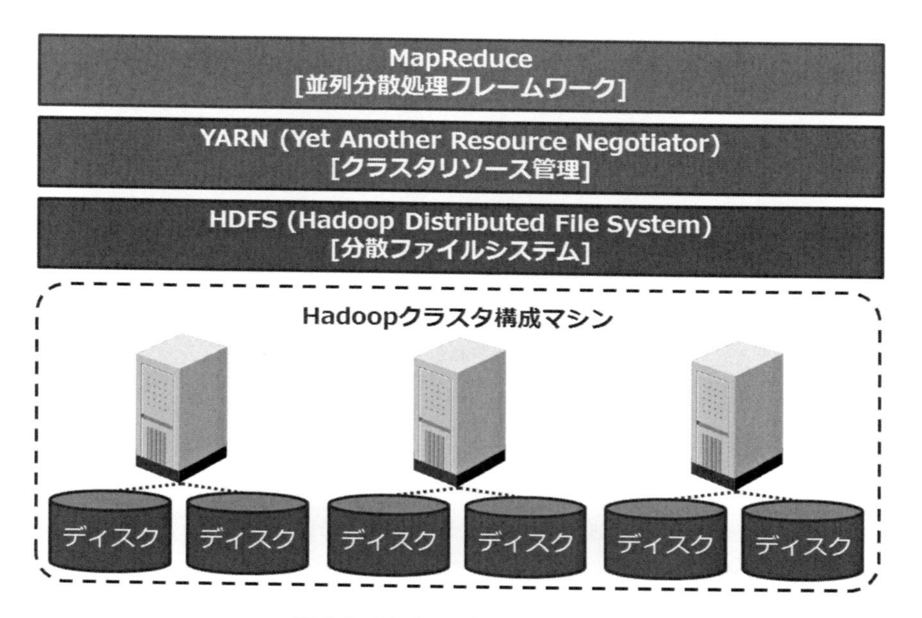

図 1.2 Hadoop クラスタの構成

Hadoop は大量データを分割処理し、発生するディスク I/O を並列化することでスループットを高めています。しかし、大量の入力データに対して MapReduce 処理と HDFS を介したディスク書き込み／読み出しを繰り返して処理することから、全体でディスク I/O コストが高くなるという課題があります（図 1.3）。そのため、多段の MapReduce 処理が必要な複雑な業務のジョブや、データを繰り返し利用する機械学習では、ディスク I/O が増えて処理に時間がかかります。また、低レイテンシを求める処理（インタラクティブなクエリ処理、ストリームデータ処理など）にも向いていません。

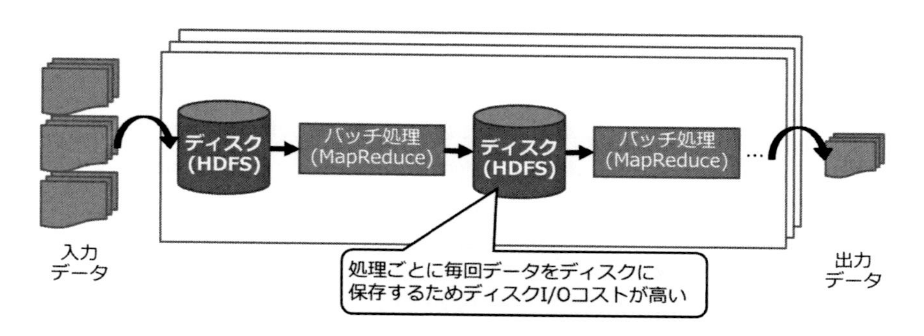

図 1.3 Hadoop（MapReduce）で困ること

1.2　Spark とは

このような Hadoop の課題を解決する手段として、インメモリでデータを処理する Spark が注目を集めています。Spark はメモリ上でデータを処理するため、処理中に毎回ディスク I/O が発生する Hadoop と比べて高速に動作します。また Spark は既存の Hadoop クラスタ（YARN）上でそのまま動作させることができます。

Spark では、入力データを「RDD（Resilient Distributed Dataset）」と呼ばれる分散データ配列（コレクション）として扱い、RDD に対する変換処理を実装することで様々なデータ処理を可能にします。

図 1.4 に RDD の変換処理の流れを示します。Spark では 1 つのデータソースから読み込んだデータを 1 つの RDD として扱います。1 つの RDD は複数のパーティションに分割され、1 パーティションを 1 タスクが変換処理します。このタスクが Spark クラスタ内の各ノードに分散配置され、並列で変換処理が行われます。

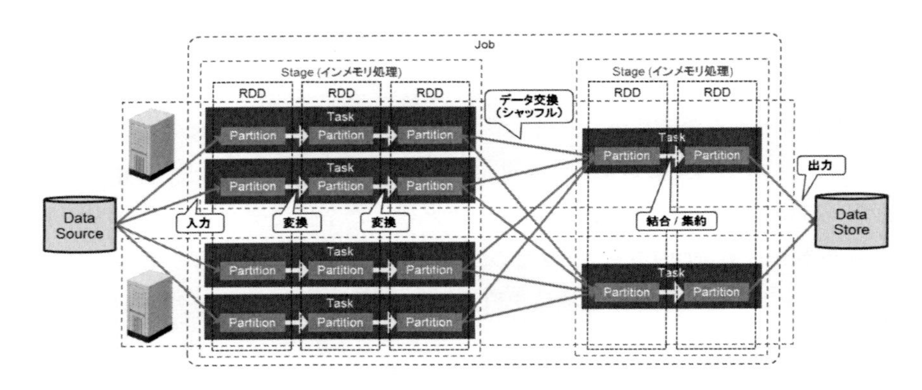

図 1.4　RDD の変換処理の流れ

各タスク内ではシャッフル（パーティションをまたがるデータの交換）を伴わない変換処理が行われます。シャッフルが必要になった時点でそのタスクは終了し、シャッフル後は新しいタスクで処理が行われます。シャッフルが不要な範囲の連続した RDD の変換をまとめて「ステージ」と呼び、シャッフルによりステージが区切られます。ステージ内の全タスクが完了しないと、次のステージに進むことはできません。

なお、データソースからのデータ読み込みから最終的な結果の出力までを「ジョブ」と呼びます。

また、Spark を構成するコンポーネントを表 1.1 に示します。Spark には並列分散処理のエンジンに当たる「Spark Core」と用途別のライブラリ群があります。

表 1.1　Spark のコンポーネント

コンポーネント	役割
Spark Core	RDD の処理など Spark の基本機能を提供
Spark SQL	構造データに SQL を利用するための API を提供
Spark Streaming	マイクロバッチ方式によるストリームデータ処理機能を提供
GraphX	グラフ構造データを処理するための API を提供
MLlib	様々な機械学習アルゴリズムを使用するための API を提供

なお、Spark は Hadoop（MapReduce）の代替技術と見ることもできますが、一般的には共存して利用されるものと考えるべきです。メモリに乗り切らない巨大データを扱う場合や部分的にデータ消失などが発生して事前にデータ整形が必要な場合に Hadoop でデータを一度加工・整形し、その後、Spark で高速に処理すべきデータを繰り返し分析することが多いです（図 1.5）。

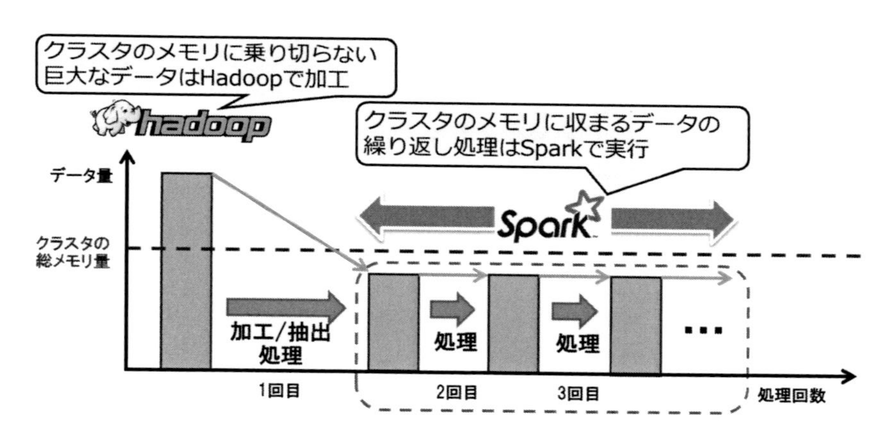

図 1.5　Hadoop と Spark の組み合せ方

Spark が効果を発揮する一般的な条件を表 1.2 に示します。Spark はインメモリで処理を行うため、システム投資対効果を考慮すると TB クラスまでのデータ量に適しています。処理内容はバッチ処理（インメモリで処理可能なデータ量の範囲で）や機械学習などの繰り返し処理に適しています。

また、Spark Streaming はマイクロバッチ方式で動作するため、1 秒間隔以上のニアリアルタイムな処理にも適しています。一方、1 秒間隔以下のデータ処理が必要なケースでは Spark よりも他の手段を利用すべきです。

表 1.2　Spark が効果を発揮する一般的な条件

観点	指標
データ量	TB オーダー未満
レイテンシ	秒オーダー以上
処理内容	バッチ処理（インメモリ化）、繰り返し処理、ニアリアルタイム処理

1.3　Spark Streamingとは

本書で検証する Spark Streaming は、マイクロバッチ方式によるストリームデータ処理機能を提供します。マイクロバッチとは、数秒から数分ほどの短い間隔（ニアリアルタイム）で繰り返しバッチ処理を行うものです。

Spark Streaming では、流れてきたデータを一定時間ごとに区切って RDD として扱い、時系列に並んだ RDD を「DStream（Discretized Stream：離散ストリーム）」というデータ形式にします。この DStream に対して一定時間ごとにバッチ処理を行うことで、擬似的なストリームデータ処理を実現します。図 1.6 はバッチ実行間隔が 1 分の場合の DStream のイメージです。

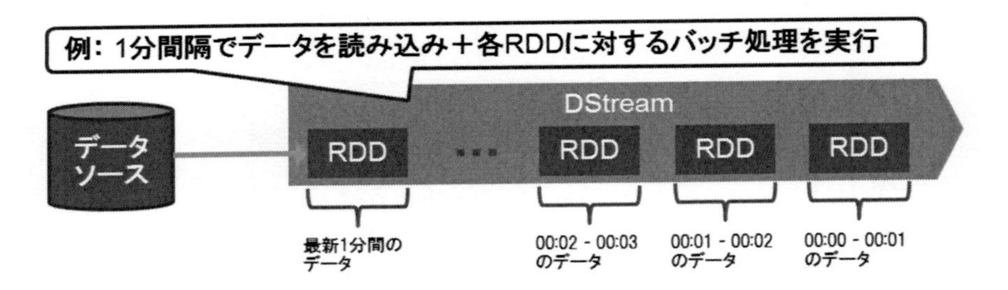

図 1.6　DStream のイメージ

1.4　Sparkを取りまくOSS

Sparkはあくまでビッグデータ向けの並列分散処理基盤であり、実際にシステムを構築する際はデータの収集や蓄積のために他のOSS（や商用製品）を組み合わせるのが一般的です。Sparkを取りまくビッグデータ関連OSSの例を図1.7に示します。

Sparkを取りまくOSSには類似した機能を提供するものが複数あり、それぞれ特徴に差異があります。そのため、ユースケースに合わせて適切なOSS（や商用製品）の組み合わせを見つける必要があります。

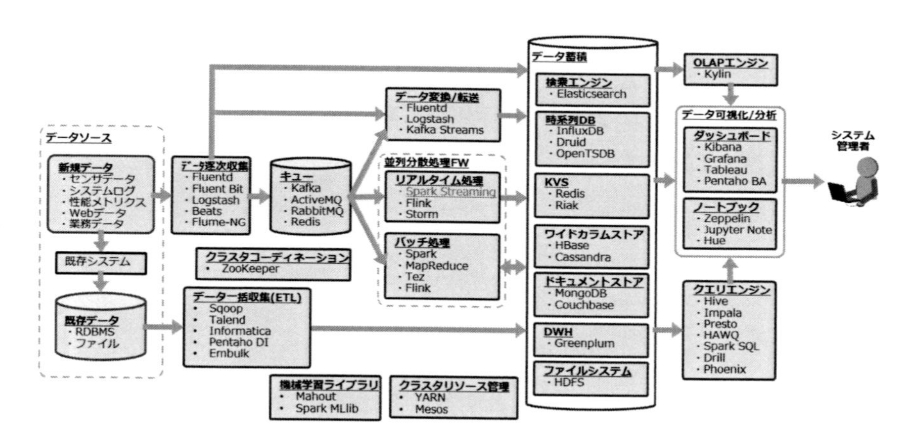

図1.7　Sparkを取りまくビッグデータ関連OSSの例

1.5　本書の検証シナリオ

ユースケース

本書では、Spark Streamingを中心としたOSSのユースケースとして、運動リズムに合った音楽を自動選曲する音楽配信サービスを想定します（図1.8）。本サービスの利用者は、歩く、走る、座る、階段を登るなどの運動状態に合わせてお気に入りの曲を聞くことができ、体と音楽の一体感を楽しみながら活動できます。

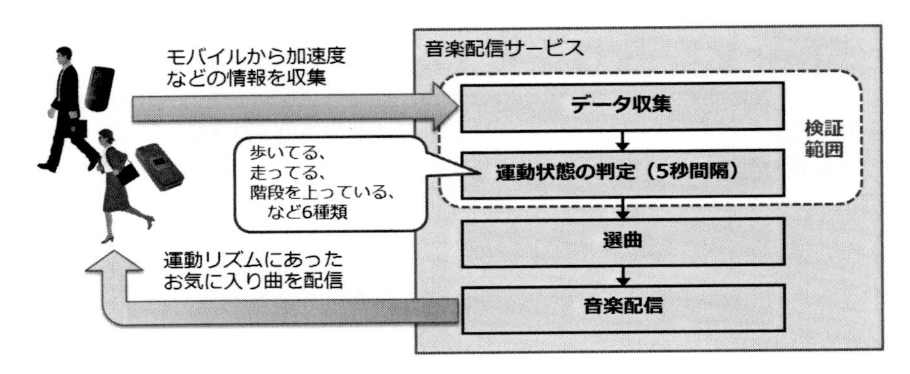

図 1.8　検証シナリオ（音楽配信サービス）

本サービスを実装するシステムでは、モバイルから加速度などのデータを収集して対象者の動作を時々刻々と判定し、運動リズムが切り替わるタイミングを検知した際に新たな曲を選曲して配信します。評価対象とする処理範囲は、データ収集から動作判定までとします。

想定要件

このユースケースでは、以下の想定要件を設定しています。

- サービスの同時利用者数は 10,000 人とする
- 入力データは最低 1 秒間隔で音楽配信サービスに通知される
- 動作の変化を判断した場合は 5 秒以内に選曲を行う

選択した OSS

ユースケースを実現するために選択した OSS は表 1.3 のとおりです。また、OSS 間の接続に利用した連携ライブラリを表 1.4 に、各 OSS の位置付けを図 1.9 に示します。*1*2

表 1.3　選択した OSS

#	名称	説明	バージョン
1	Spark	並列分散処理フレームワーク	1.6.0
2	Spark Streaming	ストリームデータ処理用 Spark ライブラリ	1.6.0
3	MLlib	機械学習用 Spark ライブラリ	1.6.0
4	YARN	Spark クラスタ構成時のリソース管理	2.6.3
5	HDFS	分散ファイルシステム（YARN の前提ソフトウェア）	2.6.3
6	Kafka	データのキューイング	0.9.0.0
7	Elasticsearch	データの蓄積と検索	1.7.5
8	Kibana	データの可視化	4.1.5

表 1.4　OSS 間の接続用ライブラリ

#	名称	説明	バージョン
1	elasticsearch-spark	Spark が Elasticsearch へデータ格納リクエストを発行	Scala バージョン: 2.10 ライブラリバージョン: 2.2.0
2	spark-streaming-kafka	Spark が Kafka からデータを取得	Scala バージョン: 2.10 ライブラリバージョン: 1.6.0

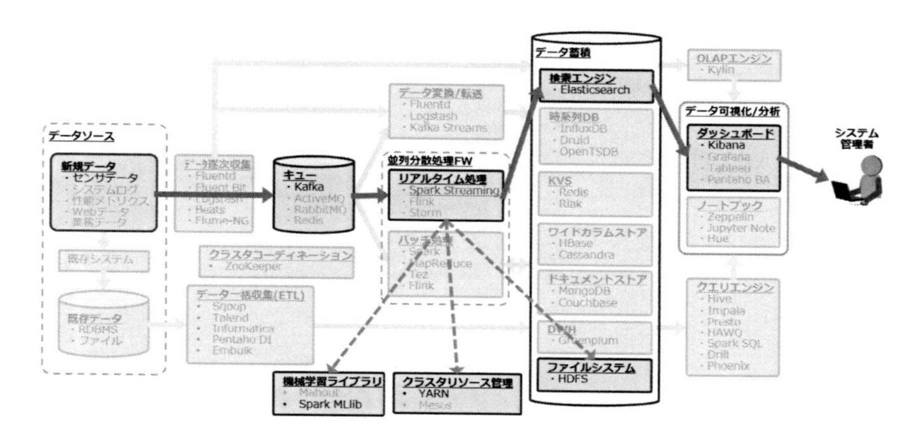

図 1.9　選択した OSS の位置付け

*1　Spark 1.6.0 Pre-built for Hadoop 2.6 に同梱
*2　Spark 1.6.0 がサポートするのは Kafka 0.8.2.1 だが、今回は最新版の Kafka 0.9.0.0 を使用

システムの概要

システムの概要を図 1.10 に示します。データ収集サーバがモバイルから加速度などのデータを収集し、そのデータをキュー（Kafka）に蓄積します。Spark Streaming はキューに蓄積されたデータを取り出し、MLlib で学習済みのモデルを使用して運動状態を判定、その結果を Elasticsearch に格納します。

また、サービスのシステム管理者が判定結果を確認するために Kibana を使用します。Spark Streaming をクラスタ上で動作させるための基盤は YARN と HDFS です。

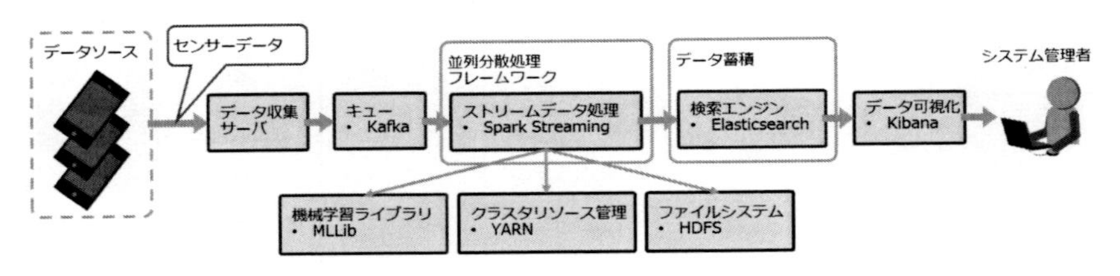

図 1.10　構築するシステムの概要

今回は Spark Streaming の概要と検証シナリオ、およびユースケースのシステム概要を解説しました。次回はシステムの詳細構成と選択した OSS の詳細、および検証の進め方を解説します。

第2章　Kafka、Spark、Elasticsearchによるシステム構築と検証の進め方

前章はSpark Streamingの概要と検証シナリオ、および構築するシステムの概要を解説しました。今回はシステムの詳細構成と検証の進め方、および初期設定における性能測定結果について解説します。

この検証ではメッセージキューのKafka、ストリームデータ処理のSpark Streaming、検索エンジンのElasticsearchを組み合わせたリアルタイムのセンサデータ処理システムを構築しています。今回はKafkaとElasticsearchの詳細なアーキテクチャやKafkaとSparkの接続時の注意点も解説します。

2.1　システムの詳細構成

マシン構成とマシンスペック

評価に向けたマシンの初期構成を図2.1に示します。本システムは以下のノードから構成されます。

- センサデータを収集してKafkaに送信する収集・配信ノード
- Kafkaクラスタを構成してメッセージの受け渡しを行うキューとして動作するKafkaノード
- Sparkクラスタにアプリケーションをデプロイする Spark Clientノード
- Sparkクラスタのリソース管理をするSpark Masterノード

- Spark アプリケーションの実行とデータ蓄積を行う Spark Worker + Elasticsearch ノード
- 蓄積したデータを可視化する Kibana ノード

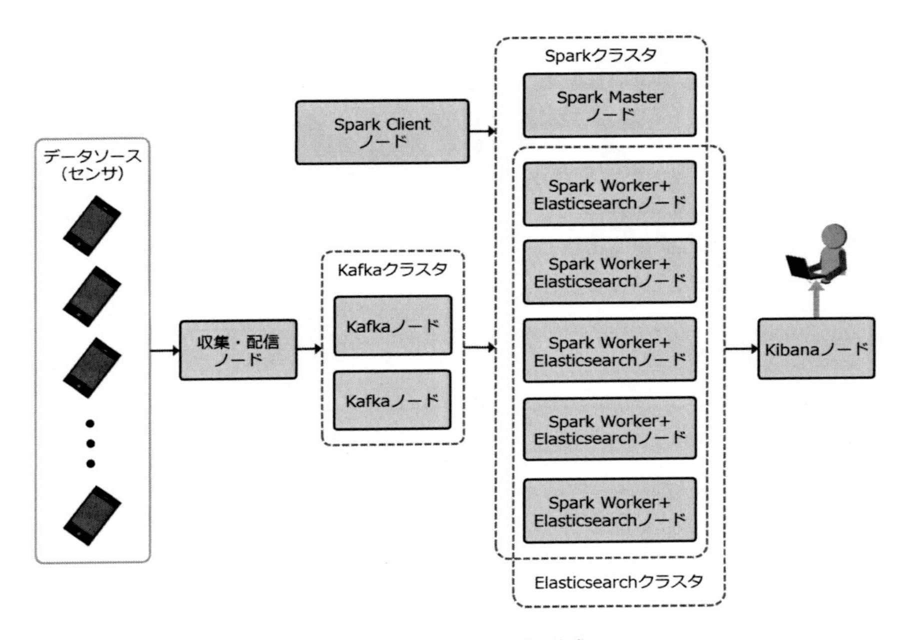

図2.1　マシンの初期構成

今回は仮想化環境を利用して性能評価を実施しました。初期構成のマシンスペックを表2.1に示します。

表2.1　初期構成のマシンスペック

#	ノード	台数	CPU コア	メモリ	OS
1	収集・配信ノード	1	2 (4vCore)	8GB	Red Hat Enterprise Linux 7.2
2	Kafka ノード	2	2 (4vCore)	8GB	Red Hat Enterprise Linux 7.2
3	Spark Client ノード	1	2 (4vCore)	8GB	Red Hat Enterprise Linux 7.2
4	Spark Master ノード	1	2 (4vCore)	8GB	Red Hat Enterprise Linux 7.2
5	Spark Worker + Elasticsearch ノード	5	4 (8vCore)	16GB	Red Hat Enterprise Linux 7.2
6	Kibana ノード	1	2 (4vCore)	8GB	Red Hat Enterprise Linux 7.2

測定環境

また、今回の測定は仮想化環境上で実施したため、物理環境とはディスク性能やネットワーク帯域が異なります。検証前に測定したディスク性能とネットワーク帯域を表 2.2 に示します。

表 2.2　検証前に測定したディスク性能とネットワーク帯域

測定内容	測定結果
ディスク性能	シーケンシャル Read は 400MB/秒、シーケンシャル Write は 1000MB/秒程度。通常の HDD がシーケンシャル Read/Write 共に 100MB/秒程度であることを考えると、かなり高速なディスクである。これはストレージ装置のディスクを使用しているためと考えられる
ネットワーク帯域	ホスト間のネットワーク帯域は送信/受信共に 112MB/秒程度。これは 1Gbps 回線の実質速度とほぼ一致する

2.2　プログラムの作成とデータセットの準備

自作したプログラム

今回の検証では、下記のプログラムを自作しました。

- データ配信プログラム（BasicKafkaProducer.java を参照）
  時系列のセンサデータが記述されたテキストファイルを読み込み、Kafka へ擬似的にストリーム配信を行うプログラム（Java で開発）
- 動作判定プログラム（HumanActivityClassifier.scala を参照）
  Kafka からセンサデータを読み出し、センサデータから動作種別を判定して判定結果を Elasticsearch へ格納するプログラム（Scala で開発した Spark アプリケーション）

なお、Kafka からのデータ収集と Elasticsearch への格納は Spark 用のライブラリを使用します。また、動作種別の判定には事前に学習済みの機械学習モデルを使用します。このモデルについては次節で説明します。上記プログラムの位置づけを図 2.2 に示します。

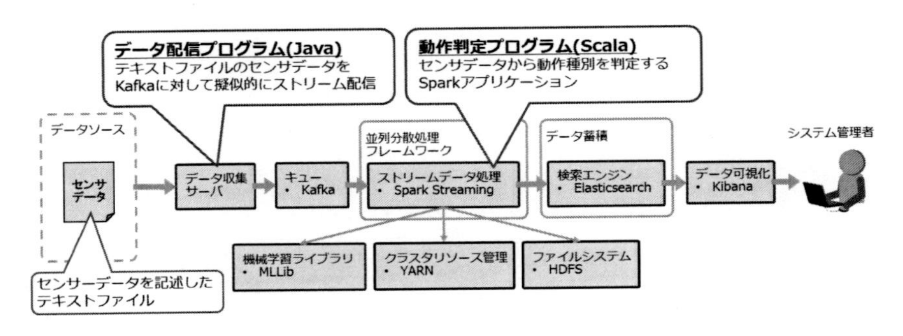

図 2.2　作成したプログラム

検証用データセットとデータ変換内容

検証で使用するデータセットとシステム処理中のデータ変換内容は下記のようになります。

(1) 学習用データ

本システムでは、Spark の機械学習コンポーネント MLlib を使用して、事前にセンサデータから動作種別を判別するモデル（ロジスティック回帰モデル）を作成しています。この学習用データには以下に示す UCI リポジトリのオープンデータ（Human Activity Recognition Using Smartphones Data Set）を使用しました。この動作種別モデルは前述した動作判定プログラムが使用します。

検証用データセット（スマートフォンの加速度センサデータ）

1. 入力値
   センサデータを表す 561 次元の Double 値ベクトル
   （X 軸/Y 軸/Z 軸の加速度などから構成される）
2. 出力値
   入力値（センサデータ）に対応する動作種別。以下の 6 種類。
   (1) 歩いている
   (2) 階段を上っている
   (3) 階段を下っている
   (4) 座っている
   (5) 立っている

（6）寝ている
3. 学習用　データ個数
   7352 個
4. 学習用　データサイズ
   1 データ：8.76kb（8976byte）
   全データ：62.9MB
5. 評価用　データ個数
   2947 個
6. 評価用　データサイズ
   1 データ：8.76kb（8976byte）
   全データ：25.2MB

(2) 配信データ

測定時には検証用データセットの評価用データを使用します。前述したデータ配信プログラムがテキストファイルから評価用データを読み込み、時刻と端末 ID を付与して JSON 形式のデータに変換して Kafka へ配信します。配信データの詳細を表 2.3 に示します。

表 2.3　配信データの詳細

#	項目	内容
1	1 メッセージの内容	時刻（ミリ秒表記の UNIX time）
2	1 メッセージの内容	端末 ID（5-10 文字程度）
3	1 メッセージの内容	センサデータ（561 個の Double 値。検証用データセットを参照）
4	1 メッセージのサイズ	8.81kb（9,028byte）
5	メッセージのフォーマット	JSON 形式

6	1 メッセージの例	{
		"time": 1457056210797,
		"user": "Test User",
		"data": "2.5717778e-001…<省略>…-5.7978304e-002"
		}

(3) 出力データ

Spark アプリケーションは、表 2.3 の配信データに含まれるセンサデータから動作種別を判定します。判定後の動作種別は検証用データセットの出力値で示した以下の 6 種類です。

1. 歩いている

2. 階段を上っている
3. 階段を下っている
4. 座っている
5. 立っている
6. 寝ている

また、Spark アプリケーションは UNIX time 表記の時刻を文字列表記に変換します。Spark アプリケーションの変換結果は Elasticsearch に格納されます。変換結果の例（約 75byte の JSON 形式データ）を以下に示します。

```
{
      "time": "2016/03/31 12:00:00.000",
       "user": "Test User",
       "activity": "RUNNING"
}
```

2.3　システムの処理の流れ

本システムの処理の流れを以下に示します。

1. 収集サーバ上のデータ配信プログラムはテキストファイルに記述されたセンサデータを一定間隔で読み込み、疑似的なストリーミングデータとして Kafka に送信する
2. Kafka は処理データ量の増加に対応するため、収集サーバから受信したデータをキューイングする
3. Spark アプリケーションは一定間隔で Kafka からデータを読み出し、学習済みの動作種別モデルを用いてセンサデータから動作種別を判定して Elasticsearch に格納する
4. Kibana は Elasticsearch に格納された動作種別の時系列データを可視化する

以上のシステムの処理の流れを図 2.3 に示します。

2.4　検証の進め方

今回の検証では、まずデフォルトのパラメータで設定した各 OSS を用いて、単位時間当たりの処理メッセージ数（データ量）を測定します。その後、各 OSS のパラメータチューニングとシステム構成の変更を行い、性能がどこまで改善するかを検証します。

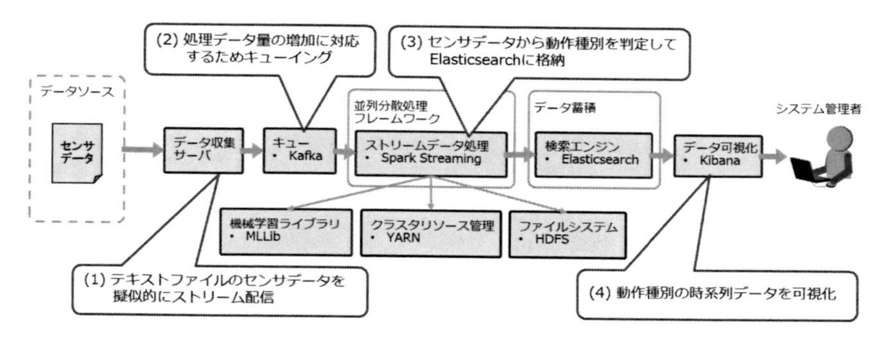

図 2.3　システムの処理の流れ

測定範囲

性能の測定範囲を図 2.4 に示します。今回のシステムでは、配信サーバから Kafka にデータを格納するまでの処理と Kafka からデータを取り出して Spark で処理し、Elasticsearch に格納するまでの処理がそれぞれ一連の処理となります。測定項目を表 2.4 に示します。

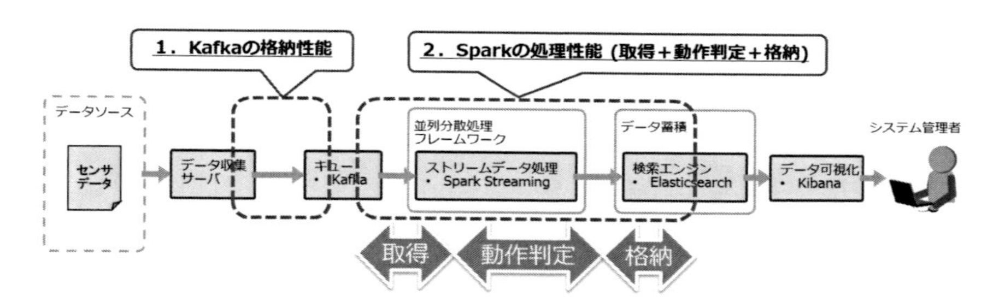

図 2.4　測定範囲

表 2.4　性能の測定項目

#	OSS	測定内容
1	Kafka	Kafka キューへの書き込み時間 Kafka キューからの読み込み時間
2	Spark Streaming	処理時間
3	Elasticsearch	Elasticsearch への書き込み時間

目標性能と前提条件

前章では、以下をサービスの前提条件として設定しました。

- サービスの同時利用者数は 10,000 人とする

- 入力データは最低1秒間隔で音楽配信サービスに通知される
- 動作の変化を判断した場合は5秒以内に選曲を行う

今回は、この前提条件から、以下の目標性能を設定します。

- Kafkaの格納性能とSparkの処理性能は共に10,000メッセージ/秒以上
- Sparkの処理インターバルは5秒以内

また、本システムではモバイル端末のストレージ容量を節約するため、送信済みのデータはモバイル端末に残さない前提とします。そのため、システム障害時にはモバイル端末から受信したデータを失わないようにする必要があります。そこで、以下のようなデータ保護に関する要件を追加します。

- KafkaおよびElasticsearchではデータのレプリカを作成する
- Elasticsearchではトランザクションログを同期的に書き込む

上記の要件にあるデータのレプリカ作成とElasticsearchのトランザクションログの詳細については後述します。

測定方法と性能の算出方法

今回の測定は、Kafkaへのメッセージ格納とSparkによるメッセージ取得・動作判定・格納処理を並列で実行した状態で行いました。Kafkaに300秒間メッセージを格納し続け、SparkはKafkaからメッセージを5秒間隔で取得し、動作判定とElasticsearchへの格納を行います。この300秒間の処理における秒間処理メッセージ数を測定しています。

KafkaはProducerからBrokerに書き込みした秒間メッセージ数を使用します。SparkはKafkaが格納したメッセージを1インターバル（5秒）のうち何秒で処理できたかを元に秒間処理メッセージ数を算出します。例えばKafkaに秒間10,000メッセージが格納され、それをSparkが1インターバル（5秒）のうち2.5秒ですべてを処理した場合、50,000/2.5=秒間20,000メッセージを処理したと計算します。

2.5 選択したOSSの詳細

今回の性能測定では、Spark のほかに Kafka と Elasticsearch の性能が影響します。そのため、ここで改めて Kafka と Elasticsearch の詳細を説明します。

Kafka

Kafka は Pub/Sub メッセージングモデルを採用した分散メッセージキューであり、スケーラビリティに優れた構成となっています（図 2.5）。

Kafka は複数台の Broker ノードでクラスタを構成し、クラスタ上に Topic と呼ばれるキューを作成します。 書き込み側は入力メッセージを Producer という書き込み用ライブラリを通じて Broker クラスタ上の Topic に書き込み、読み出し側は Consumer という読み出し用ライブラリを通じて Topic からメッセージを取り出します。

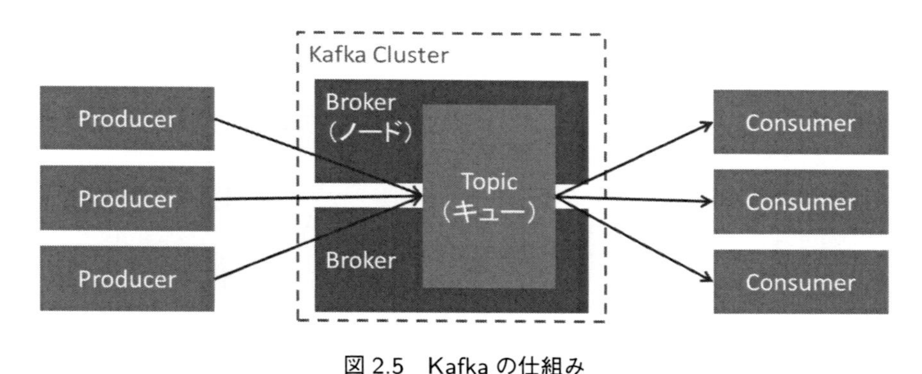

図 2.5　Kafka の仕組み

Kafka の特徴と、詳細なアーキテクチャを図 2.6 に示します。

Kafka の特徴

1. キュー（Topic と呼ばれる）を複数定義可能
2. 1 つのキューに並列で書き込み/読み出しが可能
3. クラスタ内でキューのレプリカを作成可能
4. メッセージの永続化は保証しない（メモリ上に保持して定期的にディスク書き込み）
   ※レプリカも最初はメモリ上に保持して定期的にディスク書き込み

Kafka は仮想的な 1 つのキュー（Topic）を複数のノード（Broker）上に分散配置したパーティ

ション（Partition）で構成します。このパーティション単位でデータを書き込み/読み込みして1つのキュー（Topic）に並列書き込み/読み出しを実現します。パーティション内のメッセージは一定期間が経過した後で自動的に削除されます。また、パーティションの容量を指定して容量を超えた分のメッセージを自動的に削除することも可能です。

書き込み側のアプリケーションは Producer を使用してメッセージを送信します。メッセージはランダムに Topic のどれか 1 つのパーティションに書き込まれます。Producer の仕組みについては後述します。

読み出し側のアプリケーションは 1 つ以上の Consumer を使用して Consumer グループを構成し、メッセージを並列に読み出します。Topic の各パーティションは Consumer グループ内の特定の 1Consumer のみが読み出します。これにより Topic のメッセージを並列かつ（Consumer グループ内では）重複なく読み出すことができます。

また、各 Consumer がメッセージをどこまで読み出したかは Consumer 側で管理し、Broker 側では排他制御を行いません。そのため、Consumer 数が増加しても Broker 側の負担は少なくて済みます。

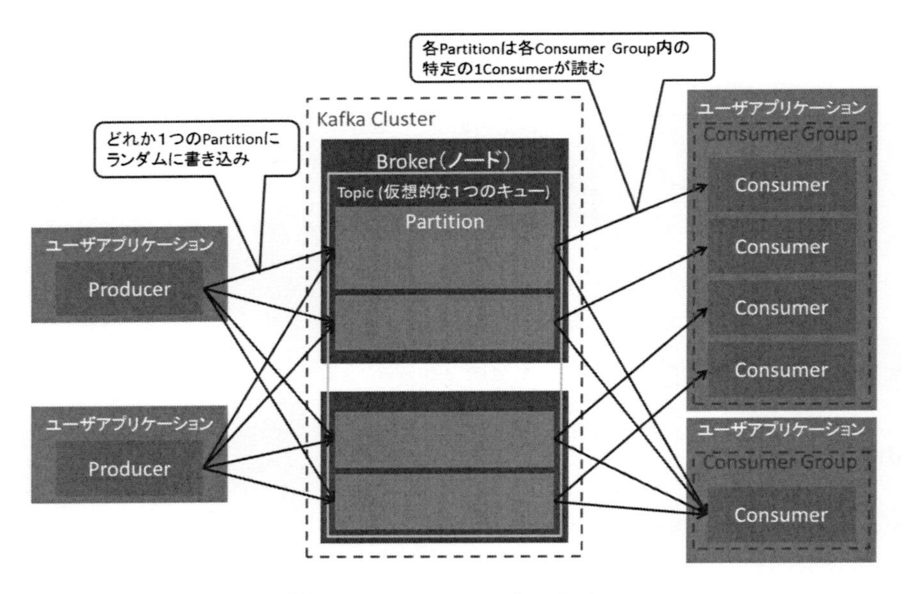

図 2.6　Kafka のアーキテクチャ

Kafka はクラスタ内の Broker 間でパーティションのレプリカを作成します（図 2.7）。レプリカの作成数は指定可能です。レプリカは Leader/Follower 型と呼ばれ、読み書きできるのは

Leader のみです。メッセージは Leader/Follower 共に OS ページキャッシュに書き込まれるため、永続化の保証はありません（定期的にディスクへ書き込まれます）。Broker は Producer がパーティションに書き込むときに Ack を返します。この Ack の返却タイミングは即時、Leader の書き込み完了時、全 Follower のレプリケート完了時のいずれかを指定できます。

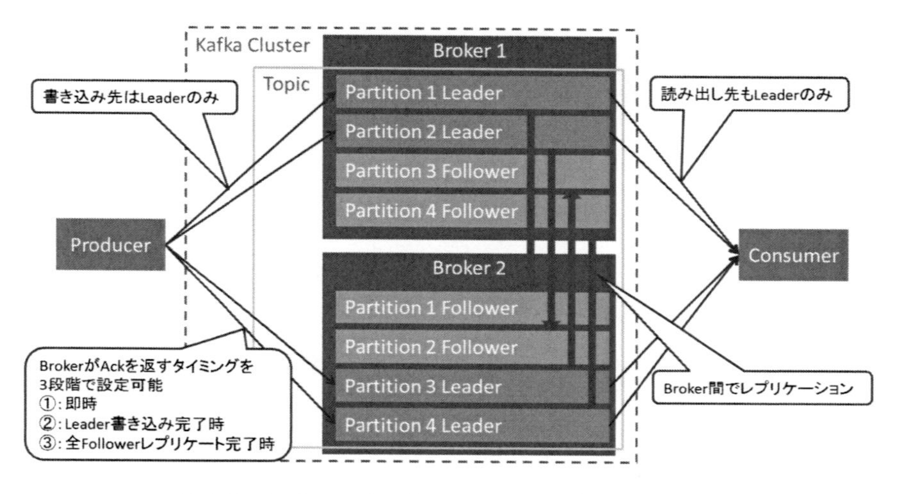

図 2.7　Kafka のパーティションのレプリケーション

Producer の仕組みを図 2.8 に示します。ユーザアプリケーションは Producer の API を通じて送信したいメッセージを登録します。Producer は登録されたメッセージを Batch という単位でバッファリングします。Batch はパーティション単位でキューイングされ、各キューの先頭の Batch が Broker 単位でまとめて送信されます（これをリクエストと呼びます）。Broker は受信したリクエストに含まれる各 Batch 内のメッセージを対応するパーティションに格納します。

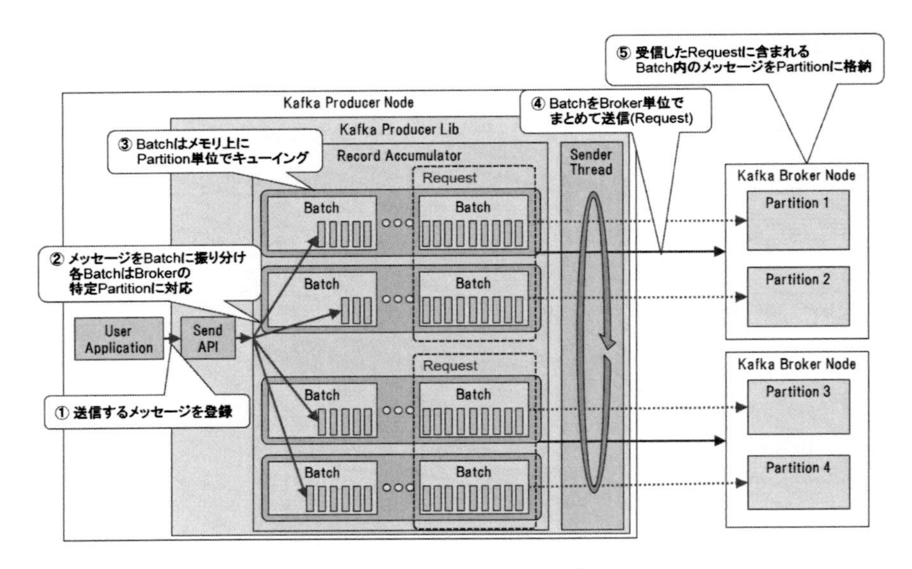

図 2.8　Kafka Producer の仕組み

Elasticsearch

Elasticsearch は全文検索エンジンです。Elasticsearch のデータ構造とデータ格納処理の流れを解説します。

(a)Elasticsearch のデータ構造

Elasticsearch のデータ構造を図 2.9 に示します。Elasticsearch は複数台のノードでクラスタを組み、データを分散して保持できます。また Index（RDBMS における Database に相当）を各ノードに分散させた複数のシャードで構成します。シャードは耐障害性を確保するためにレプリカを作成できます（デフォルトでは 1 個）。Index 内には複数の Type（RDBMS における Table に相当）を作成でき、Type には複数のドキュメント（RDBMS におけるレコード（Table の一行）に相当）を格納します。

今回構築したシステムでは、Spark で動作種別を判定したメッセージを Elasticsearch にドキュメントとして格納しています。

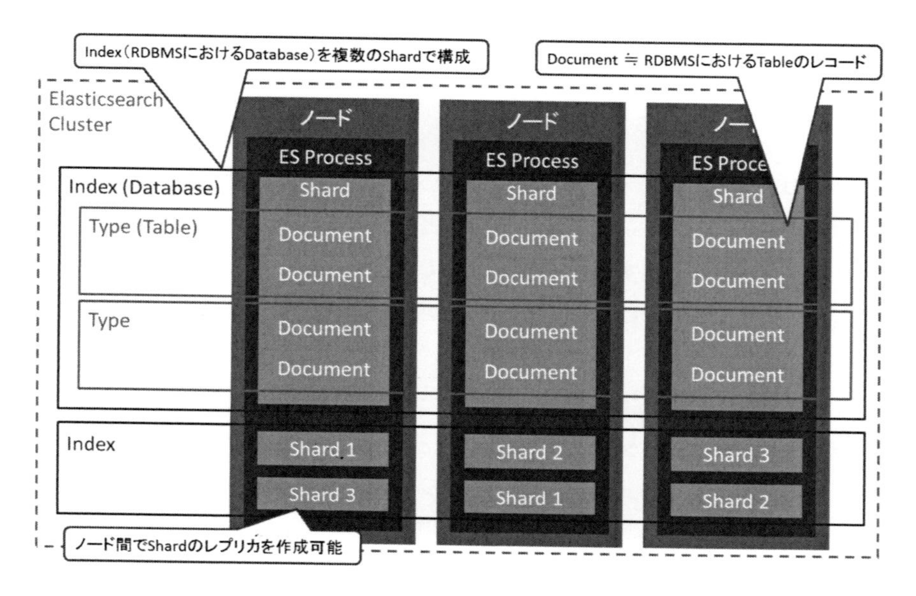

図 2.9　Elasticsearch のデータ構造

(b)Elasticsearch のデータ格納処理の流れ

Elasticsearch のデータ格納処理の流れを以下に示します。

(1) 格納リクエスト　Spark は動作種別の判定結果を Elasticsearch に格納するため、処理インターバルごとに格納リクエストを発行します。これには Elastic 社が提供する Spark 用のライブラリを使用します。

このライブラリでは格納リクエストに Bulk リクエストを使用します。Bulk リクエストには 1 回のリクエストに複数のリクエストを含ませることができ、これを利用して複数のドキュメントを 1 回のリクエストにまとめて格納します。なお、格納リクエストのプロトコルは HTTP POST です。

(2) インメモリバッファに格納　Elasticsearch が Index リクエストで受け取ったドキュメントは、まずインメモリバッファに書き込まれます。

(3) トランスログを書き込み　Elasticsearch はリクエスト内容をディスク上のトランスログ（トランザクションログ）に書き込みます。デフォルト設定ではリクエストごとに同期書き込みを行います。このトランスログは永続化前のドキュメントが障害により失われた際の復旧に使用されます。

(4) リフレッシュ（ソフトコミット） Elasticsearch では定期的（デフォルトでは 1 秒間隔）にリフレッシュ処理が行われ、インメモリバッファ上のドキュメントが検索可能となります。これは擬似リアルタイム検索を実現するための仕組みです。リフレッシュ処理が呼ばれると、インメモリバッファ上のドキュメントはまとめてセグメントという固まりに変換され、ファイルシステムキャッシュ上に配置されます。

(5) フラッシュ（ハードコミット） Elasticsearch では以下のいずれかのタイミングでフラッシュ処理が行われ、リフレッシュ処理とファイルシステムキャッシュ上のセグメントのディスク書き込みが行われます。

- トランスログのサイズが上限（デフォルトでは 512MB）に達した
- 前回のフラッシュから一定時間（デフォルトでは 30 分）が経過した
- 前回のフラッシュから一定回数（デフォルトでは無制限）の操作（リクエストなど）が行われた

フラッシュ処理が完了するとメモリ上のドキュメントはすべて永続化されるため、トランスログは不要となり消去されます。

以上のデータ格納処理の流れを図 2.10 に示します。

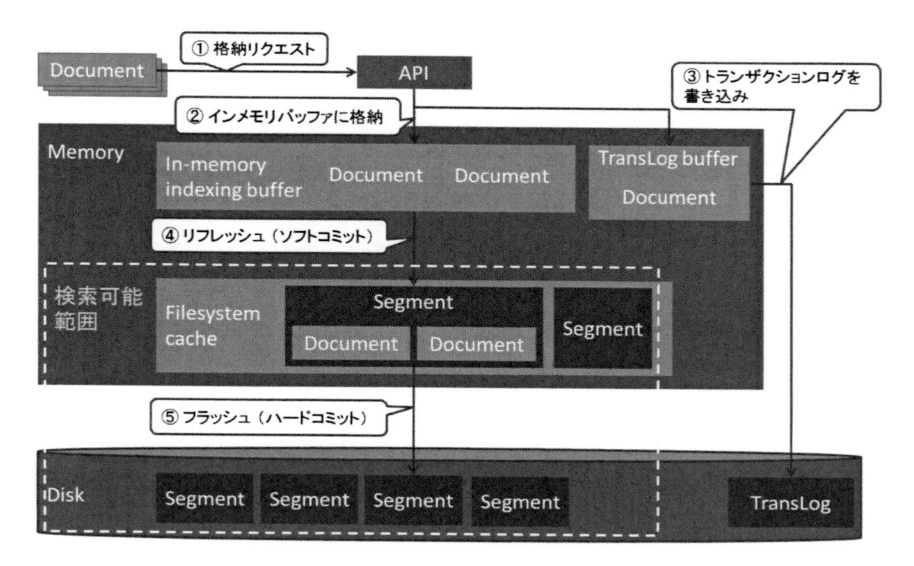

図 2.10 Elasticsearch のデータ格納処理の流れ

2.6 測定の初期設定と測定結果

測定の初期設定

今回の評価では、基本的に各 OSS で設定可能なパラメータはデフォルト値を利用します。デフォルト値がなく設定が必要なパラメータと、デフォルト値から変更したパラメータを表 2.5 に示します。*1*2

表 2.5 で Kafka のパーティション数を 32 個に設定した理由について解説しましょう。まず、Spark が Kafka からデータを取得する方式には 2 種類（Spark Streaming + Kafka Integration Guide）があります。

Kafka からのデータ取得方式

1. レシーバタスクを使用する

*1 ドライバプログラムは Spark アプリケーションの実行中にワーカノードに常駐してアプリケーション全体のタスク実行を管理する
*2 エグゼキュータは Spark アプリケーションの実行中にワーカノードに常駐してタスクを実行する

表2.5　初期パラメータ

#	対象OSS	パラメータ	設定値	理由
1	Kafka	パーティション数	32個	後述
2	Kafka	レプリカ作成数	1個	「目標性能と前提条件」の項を参照
3	Spark	処理インターバル	5秒	「目標性能と前提条件」の項を参照
4	Spark	ドライバプログラムのコア数	8個	ワーカノード1台のリソースをすべてドライバプログラムに割り当てるため、ワーカノードのCPUコア数「8」を設定
5	Spark	ドライバプログラムのメモリ量	12GB	ワーカノードのメモリ容量は16GBのため、OSやElasticsearchが使用する4GBを確保し、残りの12GBを割り当て
6	Spark	エグゼキュータ数	4個	ワーカノード5台のうち、ドライバプログラムが1台を使用するため、残り4台にエグゼキュータを1個ずつ割り当て
7	Spark	エグゼキュータのコア数	8個	ワーカノード1台のリソースをすべてエグゼキュータに割り当てるため、ワーカノードのCPUコア数「8」を設定
8	Spark	エグゼキュータのメモリ量	12GB	ワーカノードのメモリ容量は16GBのため、OSやElasticsearchが使用する4GBを確保し、残りの12GBを割り当て
9	Elasticsearch	レプリカ作成数	1個	「目標性能と前提条件」の項を参照

Kafkaからデータ取得するための専用タスクを立てる方式。At-least-onceを保障する（障害が発生しても各レコードが最低1回は取得される）

2. レシーバタスクを使用しない
   Kafkaからのデータ取得に専用タスクを立てない方式。Spark 1.3以降で使用可能。Exactly-onceを保障する（障害が発生しても各レコードは確実に1回だけ取得される）。またKafkaのパーティション数と同数のSparkタスクが自動生成され、Kafkaの1パーティションのメッセージをSparkの1タスクが処理する

今回の検証では、レシーバタスクを使用しない方式を採用しました。この方式ではKafkaのパーティション数と同数のSparkタスクが自動生成されます。Sparkでは1タスクを1コアで処理するため、Sparkに割り当てられたコア数よりタスク数が少ない場合、一部のコアは使用されないことになります。

表2.5で説明した通り、検証ではSparkがワーカノード4台（4エグゼキュータ）を使用し、各ワーカノードのCPUは8コアであるため、Sparkが処理に使用できるコア数は4ワーカノード×8コア＝32コアとなります。Sparkのタスク数をコア数と同数の32タスクにするため、今回の検証ではKafkaのパーティション数を32個としました。

初期設定における測定結果

表2.5の初期設定で測定した結果、Kafkaには1秒間で平均8,026メッセージが格納され、そ

れを Spark が 1 インターバル 5 秒のうち平均 2.07 秒ですべて処理しました。Kafka の格納性能は 8,026 メッセージ/秒、Spark の処理性能は 8,026 × 5/2.07=19,346 メッセージ/秒になります。

よって Kafka がボトルネックとなり、システム全体でリアルタイムに処理できるのは 8,026 メッセージ/秒となります（図 2.11）。デフォルト設定では、目標性能である 10,000 メッセージ/秒の処理性能を満たすことはできませんでした。

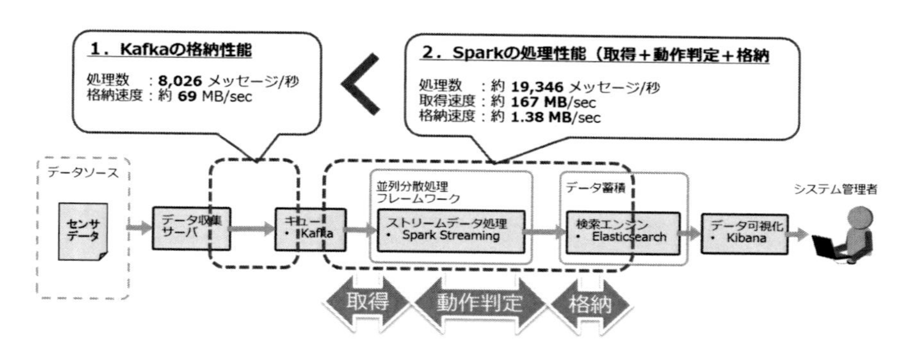

図 2.11　デフォルト設定における測定結果

今回はシステムの詳細構成から、初期設定における検証結果までを解説しました。次回は、システムのパラメータチューニングを行い、性能がどこまで改善したのかについて解説します。

第3章　Kafka、Spark、Elasticsearchのパラメータチューニング

前章では、Spark Streamingを中心としたリアルタイムなセンサデータ処理システムの構築方法と、性能検証の進め方、および初期設定における性能測定結果を解説しました。

今回はシステムを構成するメッセージキュー「Kafka」、ストリームデータ処理エンジン「Spark Streaming」、検索エンジン「Elasticsearch」のチューニング方法と、チューニング後の性能測定結果について解説します。

3.1　前章のおさらい：初期設定における測定結果

初期設定で測定した結果、Kafkaの格納性能は8,026メッセージ/秒、Sparkの処理性能は19,346メッセージ/秒となりました。Kafkaがボトルネックとなり、システム全体のリアルタイム処理は8,026メッセージ/秒となります（図3.1）。この結果から、初期設定では前章で解説した目標性能である10,000メッセージ/秒の処理性能を満たすことはできませんでした。

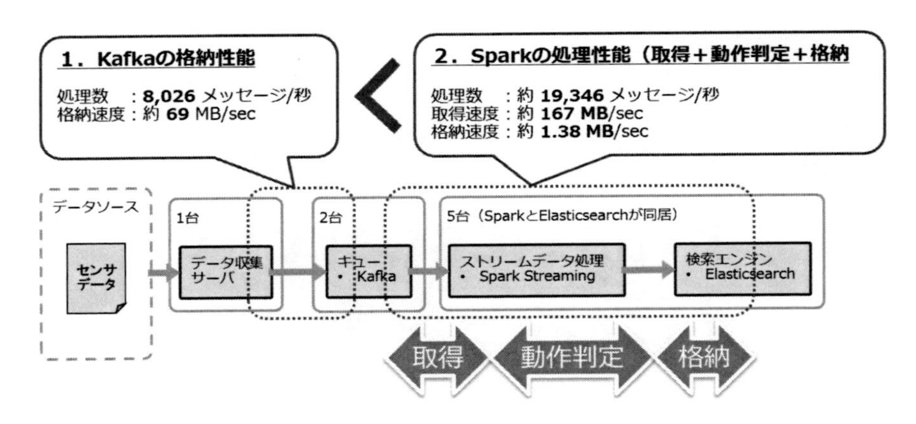

図 3.1　初期設定における測定結果

3.2　Kafkaのパラメータチューニング

Kafka の Producer（データ送信ライブラリ）はメッセージをバッファリングし、まとめて Broker（キューサーバー）に送信します。そのため Broker だけでなく Producer のパラメータチューニングも重要になります。なお、Producer および Broker の仕組みについては第 2 回の解説を参照してください。

Kafka の格納性能に影響するパラメータ

Producer の送信性能に影響するパラメータを以下に示します。また、各パラメータが送信処理のどこに影響するのかを図 3.2 に示します。

Kafka Producer の送信性能に影響するパラメータ[*1]

1. **メモリバッファサイズ**（buffer.memory）　デフォルト：32MB
   Producer が使用できるメモリ量。この値を増やすとキューイングできるメッセージ数が増え、送信待ちデータが増加した際にも対応できるようになる。今回の測定では送信待ちの影響をなるべく避けるため 512MB で固定
2. **リクエストサイズ**（max.request.size）　デフォルト：1MB
   Producer のバッチは Broker のパーティションに対応し、1Broker のパーティションに対応する全バッチに格納されたメッセージの合計サイズがこの上限に達するとリクエストが

送信される。今回の測定では#3 のバッチサイズのみを変動させるため、測定に影響しないように 100MB で固定

3. **バッチサイズ**（batch.size）　デフォルト：16KB
1 つのバッチに格納できる合計メッセージサイズ。Producer はメッセージをバッチという単位でバッファリングする。1Broker のパーティションに対応する全バッチがすべて満杯になるとリクエストが送信される
4. **送信待機時間**（linger.ms）　デフォルト：0 ミリ秒
送信用シングルスレッドのループ待機時間。Request サイズが上限に達していなくても、この時間が経過したら送信される。今回の測定では#3 のバッチサイズのみを変動させるため、測定に影響を与えないように 1000 ミリ秒（1 秒）で固定
5. **Broker からの Ack タイミング**（acks）デフォルト：② Leader 書き込み完了時
Producer からの送信リクエストに Broker が Ack（格納処理結果）を返すタイミング。①即時、② Leader 書き込み完了時、③全 Follower にレプリケート完了時の 3 段階で設定可能。①にすると Broker 格納時のエラーを検知できなくなるため、今回の測定ではデフォルト値の② Leader 書き込み完了時で固定
6. **送信の同期/非同期**（ソースコード内で設定）　デフォルト：非同期
同期送信では Producer からの送信リクエストに Broker が Ack を返してから、非同期送信では Ack の返却を待たずに次の送信を開始する。なお、送信エラーの検知は非同期送信でも可能（Producer のコールバック関数が呼ばれる）。同期送信は極めて遅く、特にメリットがないため今回の測定ではデフォルト値の非同期で固定

Producer は「Kafka Producer の送信性能に影響するパラメータ」 #2 のリクエストサイズ、#3 のバッチサイズ、#4 の送信待機時間のいずれかが上限に達した時にデータを送信します。今回はパラメータチューニングの効果を明確にするため、送信データ量を調整しやすい#3 のバッチサイズのみを変動させて、他のパラメータは固定して測定しました。

Broker の格納性能に影響するパラメータを「Kafka Broker の格納性能に影響するパラメータ」に示します。今回の測定では変更可能なパラメータがないため、すべて固定値としました。

Kafka Broker の格納性能に影響するパラメータ*2

*1　() 内はパラメータ名を表す。パラメータは Kafka Producer のプロパティファイルまたはソースコード内で設定する

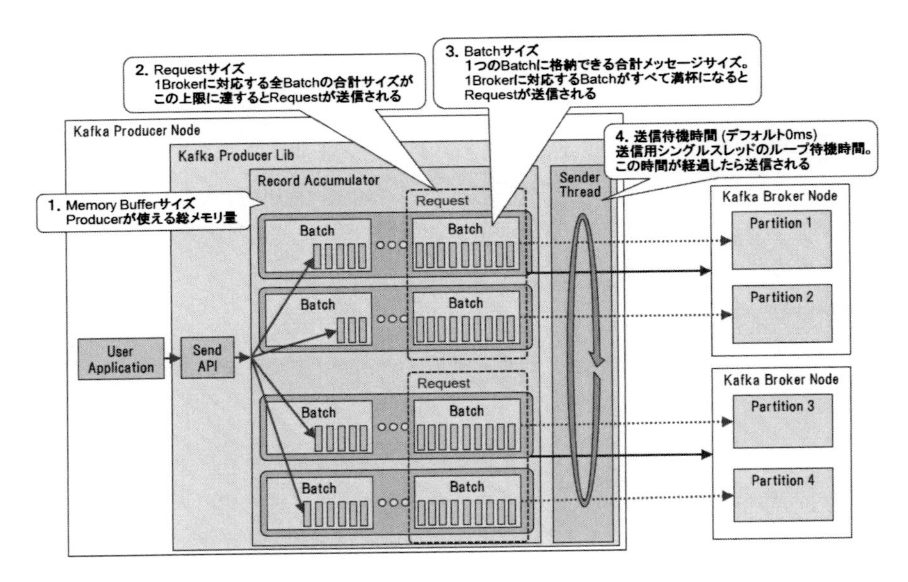

図 3.2　Kafka Producer のパラメータ

1. **パーティション数**（partitions）　デフォルト：1個
   1トピック（Kafka のキュー）を構成するパーティション数。前章で説明した通り Spark Streaming は Kafka のパーティション数と同数のタスクを生成して処理を行うため、Spark クラスタのコア数（4ノード×8コア=32個）に合わせる
2. **レプリカ作成数**（replication-factor）　デフォルト：1個
   パーティションのレプリカ作成数（メインのパーティションを含むため1個=メインのパーティションのみでレプリカなし）。第2回で説明したデータ保護の要件から、システム障害時にデータを失わないようレプリカを作成する必要がある。今回の測定では2個（メインのパーティション+レプリカ1個作成）で固定

*2　() 内はパラメータ名を表す。パラメータはコマンドラインからのトピック作成時に設定する

Kafka のチューニング結果

ここまでに説明した理由から、今回の測定では Producer のバッチサイズのみを変動させ、他のパラメータは固定して測定を行いました。測定時のパラメータを表 3.1 に示します。

表 3.1 Kafka の測定時のパラメータ

#	コンポーネント	パラメータ	測定値
1	Producer	メモリバッファサイズ	512MB（固定）
2	Producer	リクエストサイズ	100MB（固定）
3	Producer	バッチサイズ	16〜160KB
4	Producer	送信待機時間	1000 ミリ秒（固定）
5	Producer	Broker からの Ack タイミング	Leader 書き込み完了時
6	Producer	送信の同期/非同期	非同期（固定）
7	Broker	パーティション数	32 個（固定）
8	Broker	レプリカ作成数	2 個

測定結果を図 3.3 に示します。バッチサイズが 112KB のときに格納性能が最も高くなることが判明しました。よって、目標性能である 10,000 メッセージ/秒の格納性能は Kafka のチューニングのみで満たせることになります。

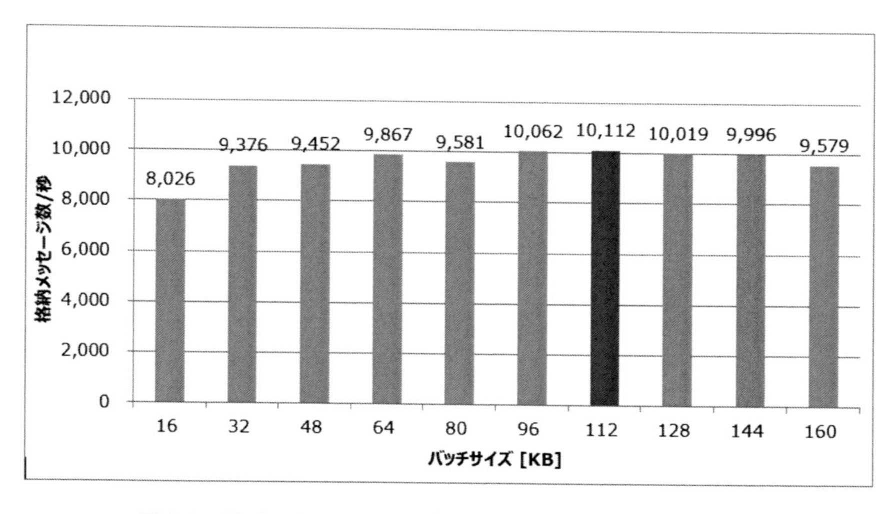

図 3.3 Kafka Producer のバッチサイズと格納メッセージ数

3.3 Spark のパラメータチューニング

初期設定での測定結果では、Spark の処理性能はすでに目標性能（10,000 メッセージ/秒）を満たしていましたが、今回はチューニングにより処理性能をどこまで伸ばせるかを確認しました。

Spark の処理性能に影響するパラメータ

Spark の処理性能に影響するパラメータを以下に示します。

Spark の処理性能に影響するパラメータ*3

1. **処理インターバル**（ソースコード内で指定）　デフォルト：なし
   Spark Streaming がマイクロバッチ処理を実行する間隔。この処理インターバルごとに Kafka からのメッセージ取得、動作種別の判定、Elasticsearch への格納が行われる。前章で説明した通り入力データを 5 秒以内に処理する必要があるため、処理インターバルも 5 秒以内である必要がある
2. **エグゼキュータ数**（num-executors）　デフォルト：2 個
   ワーカノードで起動するエグゼキュータのプロセス数。今回の測定環境は 4 ワーカノードなので、1 ワーカノードあたり 1 プロセスを起動するために 4 個とした
3. **エグゼキュータコア数**（executor-cores）　デフォルト：1 個
   各エグゼキュータプロセスに割り当てるコア数。今回の測定では 1 ワーカノード 8 コアなので、全コアを使い切るために 8 個とした
4. **エグゼキュータメモリ量**（executor-memory）　デフォルト：1GB
   各エグゼキュータプロセスに割り当てるメモリ量。今回の測定では 1 ワーカノードのメモリが 16GB なので、OS や Hadoop デーモンが使用するメモリを 4GB 確保するとして、残りの 12GB を割り当てた
5. **ドライバコア数**（driver-cores）　デフォルト：1 個
   ドライバプロセスに割り当てるコア数。今回の測定では 1 ワーカノードが 8 コアなので、全コアを使い切るために 8 個とした
6. **ドライバメモリ量**（driver-memory）　デフォルト：1GB
   ドライバプロセスに割り当てるメモリ量。今回の測定では 1 ワーカノードのメモリが 16GB なので、OS や Hadoop デーモンが使用するメモリを 4GB 確保するとして、、残りの 12GB を割り当てた
7. **タスク数** デフォルト：なし
   Spark が並列処理するタスク数。デフォルト設定では 1 タスクは 1 エグゼキュータで処理される。前章で説明した通り Spark Streaming は Kafka のパーティション数と同数のタ

スクを生成して処理を行うため、今回の測定では 32 タスクとなる

Spark のチューニング結果

Kafka をチューニングした状態で Spark をチューニングして測定を行いました。今回の測定では、「Spark の処理性能に影響するパラメータ」で示した理由から処理インターバルのみを変動させ、他は固定としました。測定時のパラメータを表 3.2 に示します。

表 3.2 Spark の測定時のパラメータ

#	パラメータ	測定値
1	処理インターバル	1〜8 秒
2	エグゼキュータ数	4 個（固定）
3	エグゼキュータコア数	8 個（固定）
4	エグゼキュータメモリ量	12GB（固定）
5	ドライバコア数	8 個（固定）
6	ドライバメモリ量	12GB（固定）
7	タスク数	32 個（固定）

Spark の処理インターバルごとの秒間処理メッセージ数を図 3.4 に示します。処理インターバルが長くなるほど Spark の処理性能が高くなることが分かります。

しかし前章で説明した通り、今回のシステムでは入力データを 5 秒以内に処理する必要があるため、処理インターバルも 5 秒以内である必要があります。よって今回の前提条件では、処理インターバルが 5 秒のときに最も処理性能が高くなります。結果として、第 2 章で説明した初期設定における測定時と処理インターバルは変わらず、性能は向上しませんでした。

*3 () 内はパラメータ名を表す。パラメータはコマンドラインでの Spark アプリケーション実行時、またはソースコード内で設定する

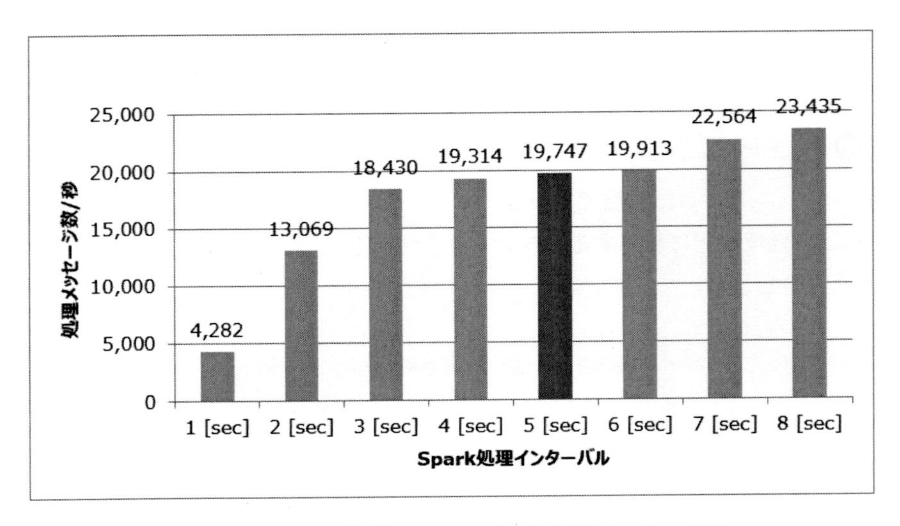

図 3.4　Spark の処理インターバルと処理メッセージ数

3.4 Elasticsearchのパラメータチューニング

図 3.1 で示した通り、今回測定した Spark の処理性能は Kafka からデータを取り出して Spark で処理し、Elasticsearch に格納するまでの処理時間です。そのため、Elasticsearch の格納性能をチューニングすることで Spark の処理性能がさらに向上すると考えられます。なお、Elasticsearch のデータ格納処理の流れについては第 2 章を参照してください。

以下に、Elasticsearch のチューニング結果を示します。今回のシステム構成では Spark のワーカノードに Elasticsearch を同居させているため、Spark クラスタのノード台数= Elasticsearch クラスタのノード台数となります。*4*5

Elasticsearch の格納性能に影響するパラメータ

前章で説明した Elasticsearch のデータ構造とデータ格納処理の流れから、Elasticsearch の格納性能に影響すると考えられるパラメータを以下に示します。また各パラメータが格納処理のどこに影響するのかを図 3.5 に示します。

1. **格納インターバル**（Spark の処理インターバル）　デフォルト：なし
   Spark が Elasticsearch に格納リクエストを発行する間隔。Spark の処理インターバルが Elasticsearch の格納インターバルとなる。今回の測定では Spark の処理インターバルである 5 秒で固定
2. **Bulk リクエスト数**（spark.es.batch.size.entries）　デフォルト：1,000 リクエスト
   1 回の Bulk リクエストに含められる最大リクエスト数。このリクエスト数を超える場合は複数回に分けて Bulk リクエストを行う。なおリクエストは Spark の各タスクが並列実行するため、このパラメータは 1 タスクあたりの最大リクエスト数となる。Spark は Kafka から取得したメッセージ（平均で秒間 10,112 メッセージ）を Elasticsearch に格納するため、、1 タスクあたりの格納ドキュメント数（＝リクエスト数）は秒間 10,112 ドキュメント × 5 秒/32 タスク = 1,580 となる。デフォルトの Bulk リクエスト数は 1,000 で、上記のドキュメント数だとリクエストが 2 回に分割されるだけであり、性能への影響は小さいと考えられる。よってチューニングしても性能改善が見込めないため、今回の測定では 1,000 リクエストのままとした
3. **Bulk リクエストサイズ**（spark.es.batch.size.bytes）　デフォルト：1MB
   1 回の Bulk リクエストの最大サイズ。このサイズを超える場合は、複数回に分けて Bulk リクエストを行う。リクエストは Spark の各タスクが並列実行するため、このパラメータは 1 タスクあたりの最大サイズとなる。#2 で説明した通り 1 タスクあたりの格納ドキュメント数は 1,580 で 1 タスクあたりのリクエストサイズは 1 リクエスト 1,580 ドキュメント × 75byte ＝約 116KB となる。デフォルトの Bulk リクエストサイズは 1MB とリクエストサイズより大きく、チューニングしても性能改善が見込めないため、今回の測定では 1MB のままとした
4. **トランスログのコミット間隔**（index.translog.durability および index.translog.sync_interval）
   デフォルト：リクエストごとに同期実行（非同期の場合は秒数で指定）
   Elasticsearch へのリクエスト内容をディスク上のトランスログに書き込む間隔。トランスログは永続化前のドキュメントが障害で失われた際の復旧に使用される。システム障害時にデータを失わないためには、トランザクションログをリクエストごとに同期的に書き

込む必要がある。そのため今回の測定では同期実行から変更なし

5. **トランスログの上限サイズ**（index.translog.flush_threshold_size）　デフォルト：512MB
トランスログが上限サイズに達するとファイルシステムキャッシュのフラッシュ処理が実施され、メモリ上のデータがディスクに書き込まれる。Kafka から平均で秒間 10,112 メッセージを取得するため、測定期間中の格納データ量は 10,112 メッセージ× 300 秒×メッセージサイズ 75byte ＝約 217MB となる。トランスログのデフォルト上限サイズ 512MB は格納データ量の 2 倍以上大きいため、チューニングしても性能改善が見込めないと考え、今回の測定では 512MB のままとした
6. **リフレッシュ間隔**（index.refresh_interval）　デフォルト：1 秒
インメモリバッファのドキュメントに対してセグメントファイルへの変換を実行する間隔。セグメントファイルに変換されたドキュメントは検索可能。この間隔を長くするとインデクスの作成処理は軽くなるが、検索のリアルタイム性は低下する
7. **フラッシュ間隔**（index.translog.flush_threshold_period）　デフォルト：30 分
前回のフラッシュからこの設定期間が経過するとフラッシュ処理が実施され、メモリ上のデータがディスクに書き込まれる。今回の測定期間は 5 分（300 秒）だが、デフォルトのフラッシュ間隔は 30 分と長くチューニングしても性能改善が見込めないため、今回の測定では 30 分のままとした
8. **インデクスのシャード数**（index.number_of_shards）　デフォルト：5 個（ノード数）
インデクスを構成するシャード数。今回の測定では Elasticsearch が 5 ノードのためシャード数も 5 個とした
9. **レプリカの作成数**（index.number_of_replicas）　デフォルト：1 個
シャードの複製数（メインのシャードは含まない）。複数ノードでクラスタを組む場合はノード間でシャードのレプリケーション処理が行われる。レプリカ数が多くなるとレプリケーション処理の負荷が大きくなるため今回の測定ではデフォルト値の 1 個で固定

＊4　Spark と Elasticsearch の連携ライブラリ「elasticsearch-spark」の設定であるため、パラメータはコマンドラインでの Spark アプリケーションの実行時に指定するか、Spark の設定ファイル（spark-defaults.conf）に設定する。() 内はパラメータ名を表す

＊5　パラメータは Elasticsearch の API で設定するか、Elasticsearch の設定ファイルを編集する。() 内はパラメータ名を表す

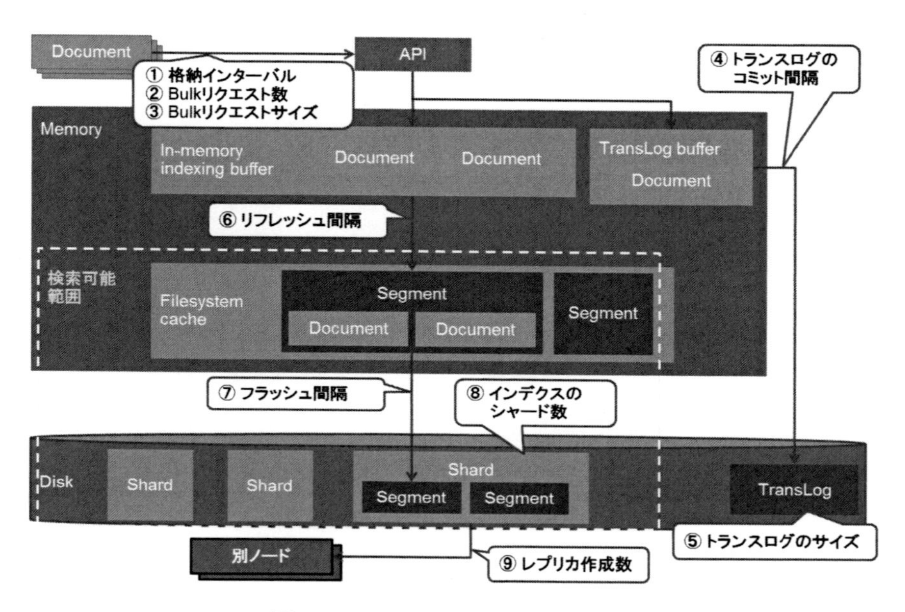

図 3.5　Elasticsearch のパラメータ

Elasticsearch のチューニング結果

Kafka と Spark がチューニング済みの状態で、Elasticsearch をチューニングして測定を行いました。測定時のパラメータを表 3.3 に示します。今回の測定では「Elasticsearch の格納性能に影響するパラメータ」で示した理由から、リフレッシュ間隔以外のパラメータは固定です。

表 3.3　Elasticsearch の測定時のパラメータ

#	パラメータ	測定値
1	格納インターバル（Spark の処理インターバル）	5 秒（固定）
2	Bulk リクエスト数	1000 リクエスト（固定）
3	Bulk リクエストサイズ	1MB（固定）
4	トランスログのコミット間隔	同期実行（固定）
5	トランスログの上限サイズ	8512MB（固定）
6	リフレッシュ間隔	1，60 秒
7	フラッシュ間隔	30 分（固定）
8	インデクスのシャード数	5 個（固定）
9	レプリカの作成数	1 個（固定）

Elasticsearch のリフレッシュ間隔を変更した際の秒間格納ドキュメント数の変化を図 3.6 に示します。リフレッシュ間隔を 60 秒に伸ばすことで約 5% の性能向上が見られました。

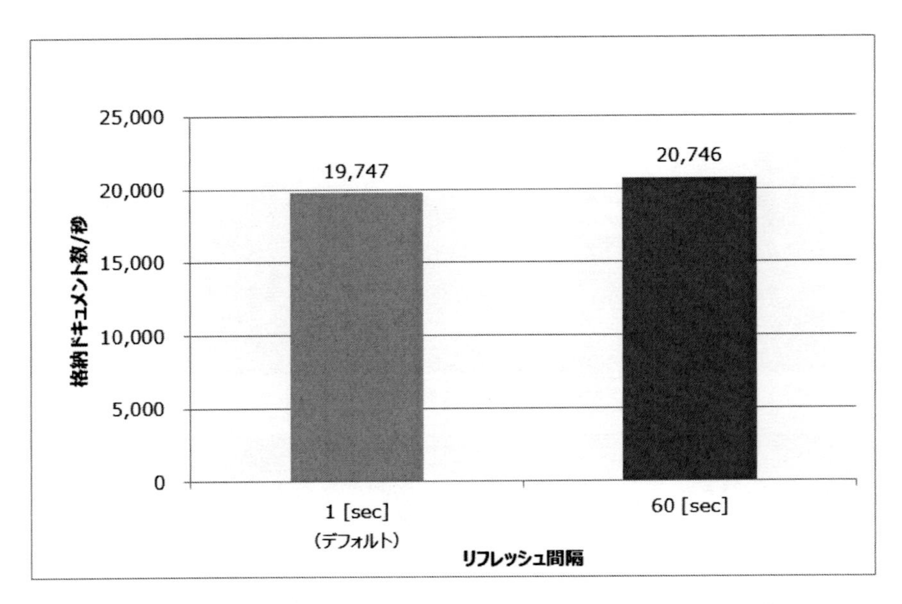

図 3.6　Elasticsearch のリフレッシュ間隔と格納ドキュメント数

3.5　参考：性能重視のチューニング結果

上記の Spark と Elasticsearch のチューニングでは処理性能が約 5% しか改善されませんでした。これは今回のチューニングではレプリカを作成するなどデータの保護を重視したためです。

そこで、このデータ保護の要件を無視した場合、どの程度性能が向上するのかを測定しました。Elasticsearch のレプリカ作成を無効にして、トランスログの書き込みを非同期（60 秒間隔）に設定しました。測定結果を図 3.7 に示します。

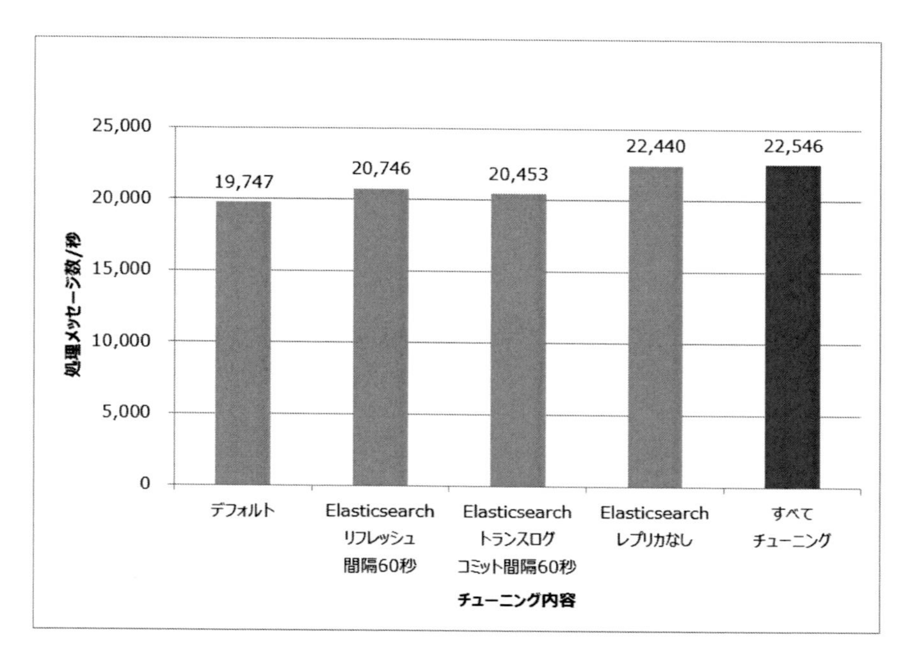

図 3.7　性能重視のチューニングと処理メッセージ数

チューニング結果から、すべてのチューニングを行うことで約 14 %の性能向上が見られました。特に Elasticsearch のレプリカの作成を無効にしたことで大きく性能が向上しました。

今回はセンサデータ処理システムを構成する Kafka、Spark Streaming、Elasticsearch のチューニング方法と、チューニング後の性能測定結果を解説しました。今回はデータの保護を重視したパラメータ設定で測定を行いましたが、重視する要件（障害耐性、格納性能、検索性能など）によってチューニングすべきパラメータは変わります。

次の章では各 OSS に割り当てるマシン台数の調整を行い、システム全体のボトルネックについて考察します。

第4章　マシン台数の調整とシステム全体のボトルネックについての考察

前章ではセンサデータ処理システムを構成するKafka、Spark Streaming、Elasticsearchのチューニング方法と、チューニング後の性能測定結果について解説しました。今回は各OSSに割り当てるマシン台数を調整し、「何がシステムのボトルネックとなるのか」を示します。また、本書の検証を通じて得られたノウハウを紹介します。

4.1　マシン台数の調整

第2章では、センサデータを配信するKafka Producerノードが1台、センサデータをキューイングするKafka Brokerノードが2台、センサデータを処理・保存するSparkワーカノード(Elasticsearchも同居)を5台に固定して測定しました。なお、センサデータは1メッセージ9,028byte、ノード間を接続するネットワークは1Gbpsの回線を使用しました。

また、前章ではシステムを構成するKafka、Spark Streaming、Elasticsearchのパラメータをチューニングしました。その結果、Kafkaの格納性能は秒間8,026メッセージ（約69MB）から10,112メッセージ（約87MB）に、Sparkの処理性能は秒間19,346メッセージ（約167MB）から20,746メッセージ（約179MB）に向上しました（図4.1)。これにより、第2章で設定したシステム全体の目標性能である10,000メッセージ/秒を達成できることが分かりました。

しかし、依然としてSparkの処理性能はKafkaの格納性能を2倍以上も上回っています。ストリームデータ処理システムでは処理性能の最も低い箇所がボトルネックとしてシステム全体の処理性能が決まるため、処理性能に偏りがあればマシンリソースを効率的に利用できません。

そこで今回は、システム全体の処理性能を最大化するため、各OSSに割り当てるノード台数を調整してみます。

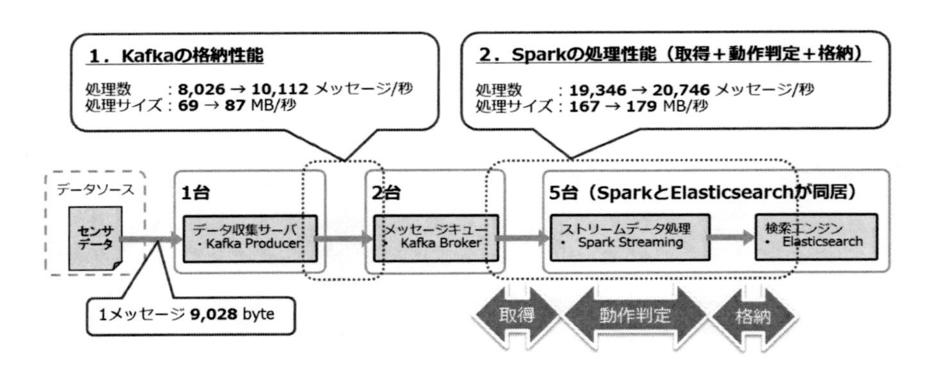

図 4.1　パラメータチューニング前後の測定結果

Spark ワーカノード台数の調整

現状、Spark の処理性能は Kafka の格納性能を 2 倍以上も上回っているため、Spark ワーカノードの台数を減らしても問題ないと考えられます。Spark ワーカノードの台数を減らした場合の測定結果を図 4.2 に示します。

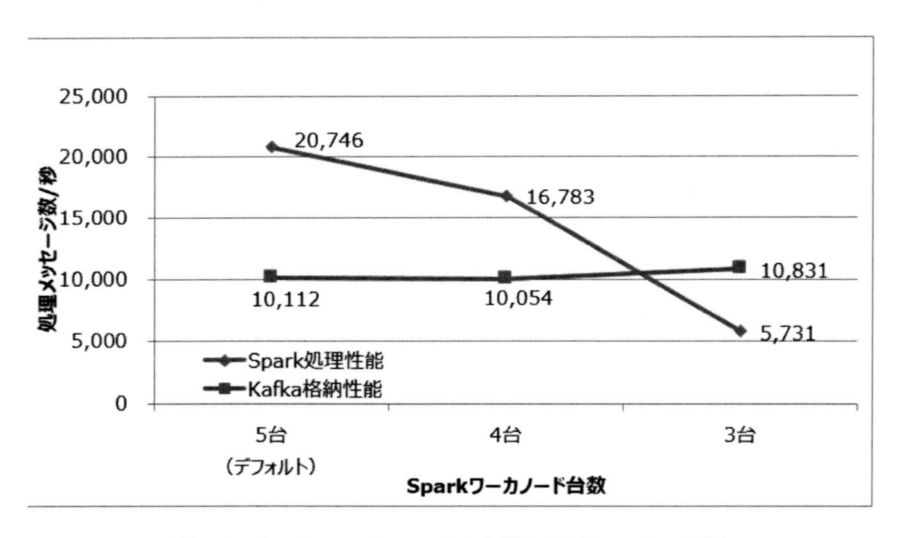

図 4.2　Spark ワーカノードの台数と処理メッセージ数

この結果から、Spark ワーカノードを 4 台にしても Kafka の格納性能を上回り、目標性能の 10,000 メッセージ/秒を達成できることが分かりました。一方、Spark ワーカノードを 3 台にすると Spark の処理性能は大きく下がり、Kafka の格納性能は若干向上しました（理由は後の考察を参照）。

Kafka Producer ノード台数の調整

今度は Kafka 側の格納性能を向上させるため、Kafka Producer ノードの台数を増やして測定しました。なお Spark ワーカノードは 5 台、Kafka Broker ノードは 2 台のままです。測定結果を図 4.3 に示します。

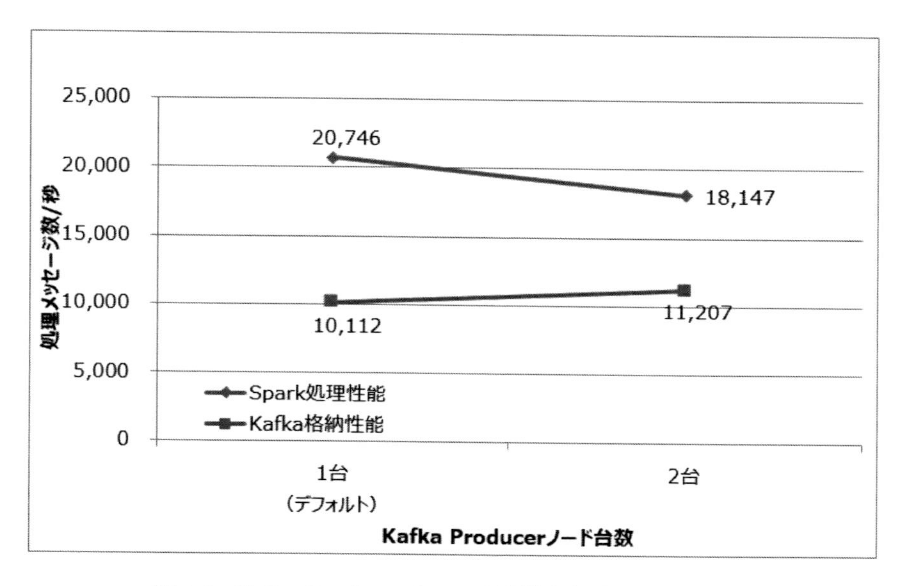

図 4.3 Kafka Producer のノード台数と処理メッセージ数

この結果、Kafka Producer ノードを 2 台に増やすと Kafka の格納性能は約 11 %向上しました。しかし台数を 2 倍にしたことを考えると性能の向上幅は小さいといえます。また Spark の処理性能は Kafka とは反対に 13% 低下しました。

Kafka Broker ノード台数の調整

今度は、Kafka 側の格納性能を向上させるため Kafka Producer と Kafka Broker のノードを同時に増やして測定しました。Spark ワーカノードは 5 台のままです。測定結果を図 4.4 に示します。

この結果から、Kafka Producer ノードを 2 台に、Kafka Broker ノードを 3 台に増やしたとき、Kafka の格納性能はデフォルト時から 56% 向上しました。なお Spark の性能は 7% 低下しています。

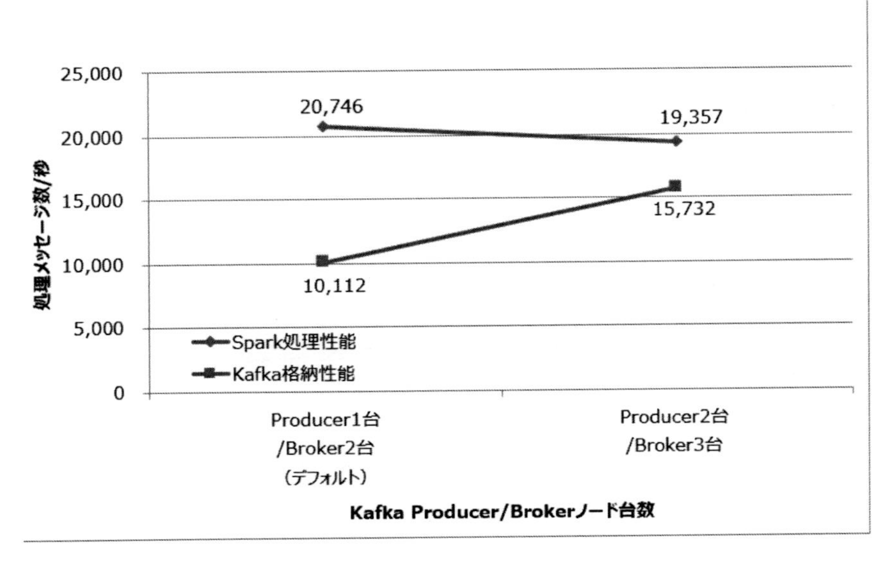

図 4.4　Kafka Producer/Broker のノード台数と処理メッセージ数

マシン台数の調整結果

以上の結果から、Kafka の格納性能は Kafka Producer と Kafka Broker のノード台数に比例し、Spark の処理性能は Spark ワーカノードの台数に比例することが分かりました。また、Kafka の格納性能が向上すると Spark の処理性能は低下し、Spark の処理性能が向上すると Kafka の格納性能が低下するという傾向があることも分かりました。

4.2　システムのボトルネックと対処案

システムのボトルネック

前述したように、マシン台数を調整すると Kafka と Spark の処理性能は反比例する傾向があると分かりました。これは、今回のシステム環境では Kafka Broker 側のネットワーク帯域がボトルネックになっているためと考えられます。

最初の構成（Kafka Producer1 台、Kafka Broker2 台、Spark Worker5 台）における最大ネットワーク通信量の理論値（単位は MB/秒で小数点第 2 位以下は四捨五入）を図 4.5 に示します。

Producer ノードの送信データ量は 87.1MB/秒（1 メッセージ 9,028byte × 10,112 メッセージ/秒）であるため、各 Broker ノードは約 43.5MB/秒のデータを受信します。Broker ノードは受信したデータを他の Broker ノードにレプリケーションするため、各 Broker ノードは

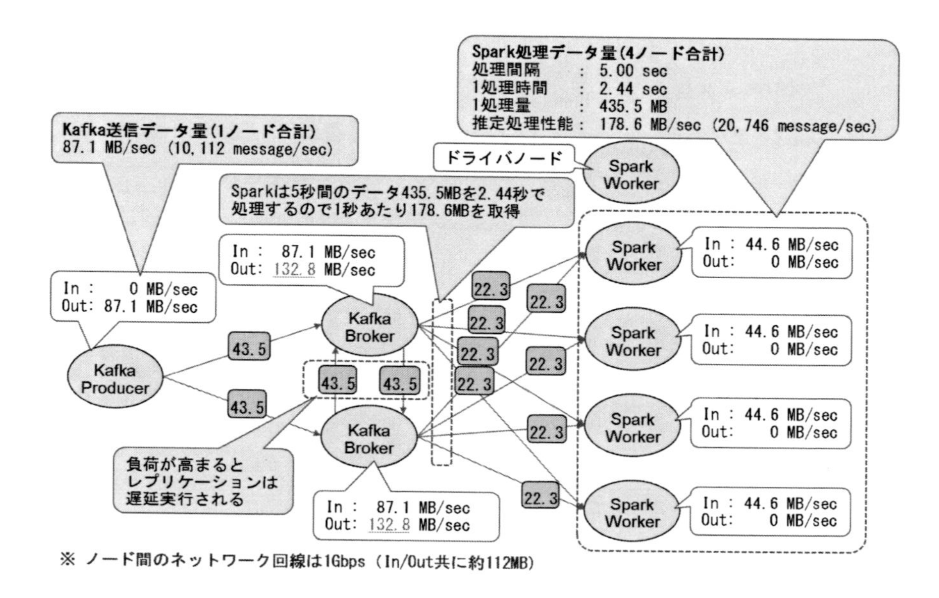

図 4.5 初期構成における最大ネットワーク通信量の理論値

約 43.5MB/秒のデータを送信および受信します。また Spark の推定処理性能は 178.6MB/秒（20,746 メッセージ/秒）であるため、Broker ノード 1 台あたり最大約 89.3MB/秒のデータを Spark ワーカノード 4 台に送信します。

以上の計算から、Broker ノード 1 台あたりの受信/送信データ量の最大値は以下のようになります。

```
受信データ量= Producer からの受信量+他の Broker からのレプリケーション量
=43.5MB/秒+ 43.5MB/秒
=87.1MB/秒
送信データ量= Spark への送信量+他の Broker へのレプリケーション量
=89.3MB/秒+ 43.5MB/秒
=132.8MB/秒
```

しかし、第 2 章でも説明した通り、測定環境のネットワーク帯域は 1Gbps（理論値 125MB/秒、実質速度は 112MB/秒程度）であり、Broker の送信データ量の最大値（132.8MB/秒）がネットワーク帯域の実質速度（112MB/秒）を超えることになります。そこで各ノード間の通信量を調査した結果、Broker 間の通信量が図 4.5 の理論値より減っており、レプリケーションが遅延実行されていることが分かりました。

その理由は、送信データ量がネットワーク帯域の上限に達したためと考えられます。またBrokerの送信帯域は上限に達していますが、Sparkの受信帯域には余裕があるため、KafkaからSparkへの送信もBrokerの帯域の影響で抑制されていると考えられます。

次に、Producerノードを2台にした時の最大ネットワーク通信量の理論値を図4.6に、Producerノードを2台、Brokerノードを3台にした時の理論値を図4.7に示します。

Producerノードが2台の場合（図4.6）はBrokerノードの送信量の理論値（126.3MB/秒）が測定環境のネットワーク帯域（112MB/秒）を超えているため、Producerノードが増えてKafkaの格納性能が11%向上した分、Sparkの処理性能が13%低下したと考えられます。

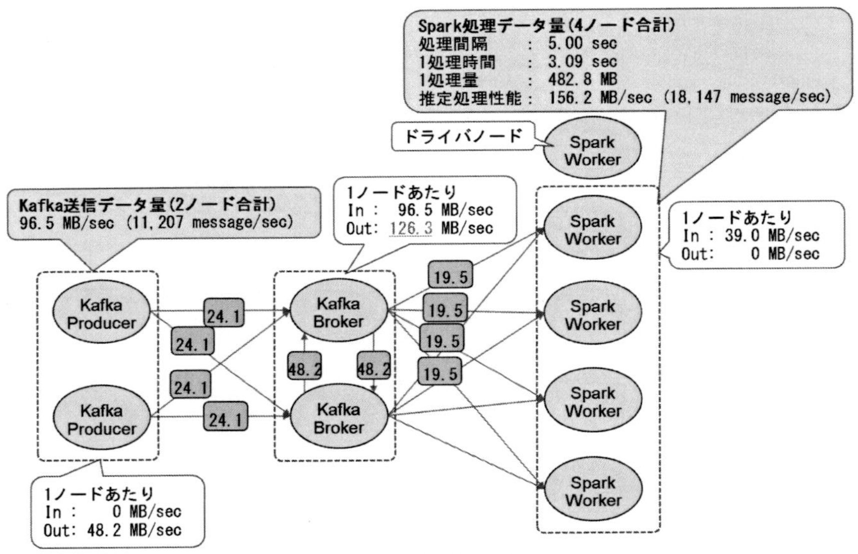

図4.6　Producerノード2台時の最大ネットワーク通信量の理論値

一方、Producerノード2台、Brokerノード3台の場合（図4.7）は全ノードの通信量がネットワーク帯域に収まっているため、Kafkaの格納性能は56%と大きく向上し、Sparkの処理性能の低下はわずか7%でした。

以上の結果から、Brokerノードのネットワーク帯域がボトルネックとなる場合は、Kafkaの格納性能とSparkの処理性能がトレードオフとなります。そのためProducerノードとSparkワーカノードの台数を増やしてもそれぞれの台数比で性能が変化するだけで、全体としてはあま

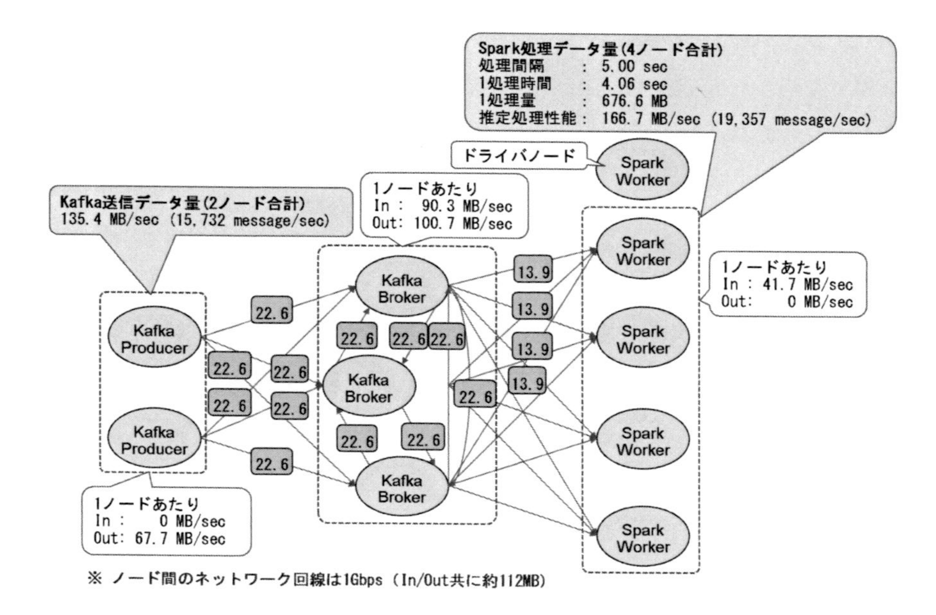

図 4.7 Producer ノード 2 台、Broker ノード 3 台時の最大ネットワーク通信量の理論値

り性能が向上しないと言えます。

一方、Broker ノードの台数を増やして通信データ量を分散させ、ネットワーク帯域に余裕ができた場合は、Kafka の格納性能と Spark の処理性能はトータルで大きく向上しました。

ボトルネックへの対処案

上記の考察で説明した Kafka Broker ノードのネットワーク帯域におけるボトルネックへの対処案を表 4.1 に示します。

表 4.1　ボトルネックへの対処案

#	対策の種別	対策内容	説明・注意事項
1	ネットワーク回線の強化	高速なネットワーク回線（10Gbps など）を使用する	スイッチ、ケーブル、NIC などのネットワーク機器をより高速なものに交換する追加投資が必要となる。また既存のネットワーク構成によっては、ネットワーク機器の交換時に同一ネットワーク上にある他のシステムを停止する必要がある
2	データ通信量の分散	Kafka Broker ノードの台数を増やすことで、通信データ量を分散させる	マシンを追加するための追加投資が必要となり、運用管理コストも上がる。またネットワーク回線の強化と比べて帯域の上昇幅は少なく、マシン台数が増え過ぎるとスイッチの増設なども必要となる。以上の理由から、まずはネットワーク回線の強化を優先すべき
3	通信データ量の削減	通信データを圧縮する	Kafka の設定でデータ圧縮が可能だが圧縮・解凍には CPU コストがかかる。今回の検証では圧縮機能を利用しなかったため効果は不明
4		Kafka Broker のレプリケーションを無効にする	レプリケーションを無効にすると通信データ量を削減できるが、システム障害時にデータを失うリスクが高まる

4.3　システムの推奨構成

今回の検証について、結果（事実）および考察内容（推測含む）から考える推奨構成を以下に示します。これは目標性能の 10,000 メッセージ/秒を達成するための最小システム構成です。

システム構成

図 4.2 で示した通り、Spark ワーカノード 4 台のときが 10,000 メッセージ/秒を達成できる最小構成です。この目標性能を満たす最小構成を表 4.2 に示します。

表 4.2　目標性能を満たす最小マシン構成

#	ノード	台数	CPU コア	メモリ
1	Kafka Producer ノード	1	2 (4vCore)	8GB
2	Kafka Broker ノード	2	2 (4vCore)	8GB
3	Spark ワーカノード（Elasticsearch も同居）	4	4 (8vCore)	16GB
4	Spark マスタノード	1	2 (4vCore)	8GB
5	Spark クライアントノード	1	2 (4vCore)	8GB

パラメータ設定

各OSS（Kafka、Spark Streaming、Elasticsearch）のパラメータチューニングについては前章を参照してください。前章の検証時からSparkワーカノードが1台減ったため、Sparkのエグゼキュータ数とElasticsearchのインデクスのシャード数はノード台数に合わせて設定する必要があります。

期待できる性能

図4.2で示した通り、Sparkワーカノード4台のときKafkaの格納性能が10,054メッセージ/秒、Sparkの処理性能が16,783メッセージ/秒であるため、Kafkaがボトルネックとなり10,054メッセージ/秒がシステム全体の最大処理性能です。処理性能をさらに高めたい場合は「ボトルネックへの対処案」で示した対処案によりネットワーク帯域のボトルネックを解消する必要があります。

4.4 検証を通じて得られたノウハウ

最後に、本書の検証を通じて得られたノウハウを示します。

- システム構築
  - コミュニティ版のOSSを活用したため、Sparkクラスタ構築時の設定やOSS間の連携時のバージョンの不一致などに苦労した。ベンダが提供するディストリビュージョン（例えばCloudera CDHやHortonworks HDP/HDFなど）ならOSSの組み合わせも検証済みであり、Sparkクラスタの設定管理ツールも含まれているため、各OSSとOSS間の連携ライブラリを個別に揃えるよりも環境構築は容易
- KafkaとSparkの接続
  - SparkがKafkaからデータを取得する方法は2種類ある（第2章を参照）。Spark 1.3から導入されたレシーバタスクを使用しない方式に優位点が多いが、Sparkのタスク数がKafkaのパーティション数に縛られるため注意が必要。Sparkクラスタのコアを使い切るためにはKafkaのキューのパーティション数をSparkクラスタのコア数と同数以上に設定する必要がある
- Kafkaの検証
  - KafkaはBroker間でデータをレプリケーションするためネットワーク帯域がボトルネックになりやすい。対策にはネットワーク回線を1Gbpsから10Gbpsにする、

    Brokerノード台数を増やして通信データ量を分散させる、通信データを圧縮するなどがある
  - Kafkaはネットワーク帯域に負荷がかかるとレプリケーションが遅延するため、一時的な高負荷には耐えられるが負荷が続くとレプリケーションの遅延が拡大していくため注意が必要
  - Kafkaはメッセージをディスクに格納するためディスク性能が重要となる。今回の検証ではディスク性能が高いため問題にならなかったが、普通のHDDを使用する場合はディスク性能がボトルネックとなる可能性がある。そのため、システム構築時には必要なディスク性能を単位時間あたりに格納/取得するメッセージ量から事前に見積もる必要がある
- Sparkの検証
  - SparkのJobが複数に分かれると同じデータをKafkaから何度も取得してしまう。これはRDDの途中結果をキャッシュすることで回避できる

4.5　Spark 2.0について

今回は各OSSに割り当てるマシン台数を調整して性能検証を行いました。その結果、今回のシステム構成ではKafkaのネットワーク帯域がボトルネックになり易いことが判明したため、システム構築時には必要なネットワーク帯域を事前に見積もり、注意して設計する必要があります。

著者はアメリカのサンフランシスコで開催された「Spark Summit 2016」に参加してきました。イベント最大の目玉は、メジャーバージョンのSpark 2.0（2016年7月にリリース済み）に関する発表でした。Spark 2.0では処理性能が大幅に強化されたほか、本書でも検証したSpark Streamingの処理をより簡潔に記述できる「Structured Streaming API」なども発表されました。次の章からはSpark 2.0を検証していきましょう。

第5章　Spark 2.0を活用した配電設備の負荷集計システムの性能検証

ビッグデータの処理基盤として知られる「Apache Hadoop」（以降、Hadoop）のエコシステムを構成するOSSの1つ「Apache Spark」（以降、Spark）は、2016年7月にメジャーバージョン2.0がリリースされました。その大きな変更点はSQL処理APIの改善とパフォーマンス（処理性能）向上で、特に処理性能は「最大10倍に向上した」とリリースノートに記載されています。

そこで本章からは、最新版のSpark 2.0と1.x系の最新バージョンSpark 1.6.2（以降、Spark1.6）の性能を比較し、実際のシステムでどの程度活用できるのかを検証していきます。

5.1　HadoopとSparkとは何か

本章から検証で取り上げる「Spark SQL」は、Sparkを構成するコンポーネントの1つです。またSparkもHadoopのエコシステムを構成するOSSのひとつです。そこでSpark SQLを説明する前に「HadoopとSparkとは何か」を簡単に説明します。

Hadoopの概要

HadoopはIAサーバを複数台用いて大量のデータ（ビッグデータ）を並列分散処理する基盤です。「MapReduce」と呼ばれる処理で入力データを分割して並列分散処理（Map）し、その結果を集約（Reduce）して出力データを生成します。

現在主流のバージョン2.x系は表5.1に示す3種類のコンポーネントで構成されます。

表 5.1　Hadoop を構成するコンポーネント一覧（2.x 系）

#	コンポーネント	説明
1	MapReduce2	バッチ処理向け分散処理フレームワーク
2	YARN (Yet Another Resource Negotiator)	クラスタリソース管理
3	HDFS (Hadoop Distributed File System)	分散ファイルシステム

Spark の概要

Spark はデータをインメモリで処理することで MapReduce の課題を解決するコンポーネントです。従来、Hadoop（MapReduce）には「HDFS を介したディスク書き込み／読み込みを繰り返すことから、全体でディスク I/O にかかるコストが高くなる」という課題がありました。Spark も MapReduce と同様に入力データを分割して並列分散処理（Map）し、その結果を集約（Reduce）して出力データを生成しますが、その処理の大半をメモリ上で行うため MapReduce よりもディスク I/O 回数が少なく高速に動作します。

Spark は表 5.2 に示す並列分散処理のエンジンと、用途別のライブラリ群で構成されます。

表 5.2　Spark を構成するコンポーネント一覧

#	コンポーネント	説明
1	Spark Core	Spark の分散処理フレームワーク。基本機能を提供する
2	Spark SQL	構造データに SQL を利用するための API を提供する
3	Spark Streaming	マイクロバッチ方式によるストリームデータ処理機能を提供する
4	GraphX	グラフ構造データを処理するための API を提供する
5	MLlib	機械学習アルゴリズムを使用するための API を提供する

5.2　Spark 2.0 の主な変更点

Spark 2.0 のリリースノートに記載されている主な変更点を表 5.3 に示します。

「Spark 2.0 を活用する」という視点で見ると、性能が改善していること、アプリケーションでのデータ処理（ソースコード）の記述方法が変わったことの 2 点が主な変更点といえます。このうち、本書では性能改善の検証結果を解説します。

アプリケーションのソースコードを記述する上での大きな違いは、DataFrame を使うときに呼び出す API（エントリポイント）が変わったことです。Spark 1.6 では SQLContext および HiveContext でしたが、Spark 2.0 では SparkSession が用意されました。DataFrame は概念的にはリレーショナルデータベース（RDB）のテーブルと等価とされています。そのため

表5.3 Spark 2.0の主な変更点

#	変更点	説明
1	性能改善	SQLの処理速度が2倍から10倍に向上
2	性能改善	Parquet/ORCFileの読み書き性能を改善
3	Spark SQLの改善	SQLを記述するDataFrame/Dataset APIを統合*1
4	Spark SQLの改善	SQL記述方法として国際基準ANSI SQL2003をサポート
5	MLlib APIの改善	MLlibの処理をDataFrameで記述できるようになった
6	MLlib APIの改善	DataFrameで記述できる機械学習アルゴリズムを追加
7	Structured Streamingの登場	バッチ処理とインタラクティブ処理をDataFrameで同様に記述できるようになった。ただしα版であり、安定版や機能追加は次バージョン以降でリリース予定
8	SparkRの改善	R言語でSparkの処理を記述するSparkRでユーザ定義関数をサポート

DataFrameだけでなくcsvやjsonのような構造化されたファイル、Hiveテーブル、RDBテーブルもSparkSessionをエントリポイントとして利用でき、エントリポイントの使い分けを意識する必要がなくなったことで処理ロジックの実装に集中できます。

本書で検証のために作成したアプリケーションからソースコードでの違いを一部抜粋して示します。アプリケーションはScala言語で実装し、Hiveテーブルからデータを読み込んでSparkで値を足し合わせる処理をします。

importするライブラリ

DataFrame APIエントリポイントが統合されたことで、importすべきライブラリが変わりました。

リスト5.1: Spark 1.6

```
import org.apache.spark.SparkConf
import org.apache.spark.SparkContext
import org.apache.spark.sql.SQLContext
import org.apache.spark.sql.hive.HiveContext
```

リスト5.2: Spark 2.0

```
import org.apache.spark.sql.SparkSession
```

宣言する変数

importするライブラリが変わったことで、宣言すべき変数とその初期化処理も変わりました。

*1 Spark 2.0でのDatasetとは型を持つテーブル形式のデータ集合のこと、DataFrameは型を持たないDatasetのこと。

リスト 5.3: Spark 1.6

```
val sparkConf = new SparkConf().setAppName(this.getClass.toString())

val sc = new SparkContext(sparkConf)
val hiveContext = new HiveContext(sc)
……
sc.stop()
```

リスト 5.4: Spark 2.0

```
val spark = SparkSession
.builder()
.appName(this.getClass.toString())
.enableHiveSupport()
.getOrCreate()
……
spark.stop()
```

Hive テーブルからデータを読み込む処理

宣言する変数が変わったことで、Hive テーブルへアクセスするメソッドを持つオブジェクトも変わりました。

リスト 5.5: Spark 1.6

```
import hiveContext.implicits._
val recordsFromHive = hiveContext.sql( HiveQL 文 )
……
```

リスト 5.6: Spark 2.0

```
import spark.implicits._
val recordsFromHive = spark.sql( HiveQL 文 )
……
```

なお、SparkSession のソースコード記述方法の詳細は、[Spark SQL] DataFrames and Datasets Guide*2を参照してください。

また、そのほか詳細な変更点については Apache Software Foundation が公開する Spark 2.0 のリリースノート（Spark Release 2.0.0）*3を参照してください。本書執筆時点での最新版は 2016 年 10 月 30 日にリリースされた Spark 2.0.1 です。

*2　https://spark.apache.org/docs/2.0.0/sql-programming-guide.html#starting-point-sparksession
*3　https://spark.apache.org/releases/spark-release-2-0-0.html

5.3 Spark SQLの概要

Spark SQL は、Spark の処理を SQL で記述するためのコンポーネントです。SQL での開発に慣れている開発者は直感的に処理を記述できます。また、Spark SQL は SQL で記述された処理の実行計画を最適化してから実行するため高速に動作します。

Spark SQL では、表 5.4 に示す構造化データセットを扱うことができます。

表 5.4 Spark SQL が標準でサポートする構造化データセット

#	ファイルフォーマット	説明
1	テキスト（CSV）	CSV 形式のテキストファイル
2	JSON	JSON（JavaScript Object Notation）形式のテキストファイル
3	Parquet	HDFS 上で利用できる圧縮された列指向ファイルフォーマットの 1 つ
4	ORCFile	Optimized Row Columnar の略。HDFS 上で利用できる圧縮された列指向ファイルフォーマットの 1 つ
5	JDBC をサポートするデータソース	Spark SQL は RDBMS などの外部データソースに JDBC インタフェースを通してクエリを発行できる
6	Hive テーブル	Hive で扱うデータを格納したテーブル

また、Spark SQL における SQL の記述方法を表 5.5 に示します。

表 5.5 Spark SQL における SQL の記述方法

#	フォーマット	説明
1	DataFrame / Dataset API	SQL ライクなメソッドを提供する API
2	HiveQL	Hive で使用される SQL ライクなクエリ言語
3	SQL 2003	国際標準規格である ANSI SQL2003 のこと

5.4 本書の検証シナリオ

本書では、電力会社における配電事業を検証シナリオとします。具体的には、電力会社が保有する設備にかかる負荷をすばやく分析・可視化するために、消費者の電気使用量（以降、消費電力量）を表すデータを分析前に集計します。この集計処理に Spark を活用し、このようなシナリオでどの程度の性能を発揮できるかを検証します。

配電事業の概要と設備構成

配電事業では、変電所から各家庭などへ電気を送ります。このときに使用する設備一式を「配電系統」と呼びます。一般的に配電事業では効率や可用性を考慮して配電系統を構成しますが、本検証では簡単化のため配電系統は 1 つで変電所から分岐のない配電線が伸びているものと想定します（図 5.1）。

配電系統はいくつかの設備からなり、それぞれ上位の設備があります。スマートメータ（メータ）の上位には変圧器、変圧器の上位には区間、区間の上位には配電線、配電線の上位には変電所があります。配電した電気量は各家庭に設置されたメータから消費電力量として 30 分おきに収集し、毎月の料金請求に利用します。

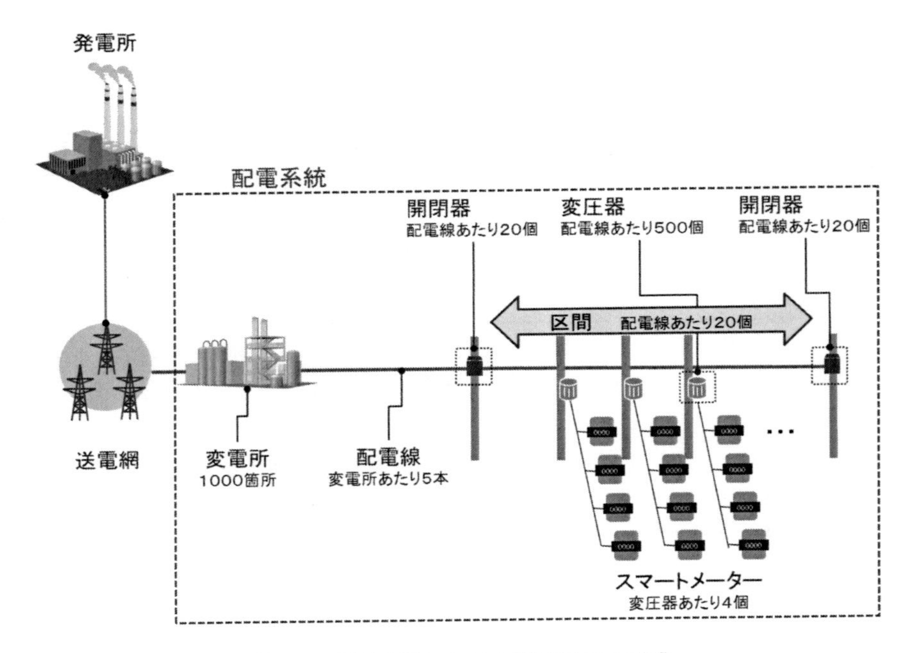

図 5.1　配電事業における配電系統の構成

消費電力量データを電力会社が活用する方法

収集した電力消費量データは、電力会社が設備投資計画に役立てるケースを想定します。1,000 万台のメータから消費電力量データを 30 分おきに収集し、データ分析システムに取り込んで電力会社の担当者が設備にかかる負荷を分析します。その結果を設備投資計画へ活用するという活用方法です。

その分析手法は、可視化ツールや BI ソフトウェアで配電系統の負荷をドリルダウン分析することを想定します。ドリルダウンはデータ集計や分析で用いる手法の 1 つで、広い範囲の集計結果から集計範囲を一段階ずつ掘り下げていき、より詳細な集計を行う操作のことです。

今回の検証では「どの設備に負荷が集中しているのか」を調べるために、系統全体の負荷⇒変電所の負荷⇒配電線の負荷⇒区間の負荷⇒変圧器の負荷⇒メータの負荷、という手順で分析するものとします。図 5.2 は、ある変圧器の配下にあるメータ（SM-0、SM-7、SM-8）にかかる配電時の負荷の推移を可視化した時系列チャートです。

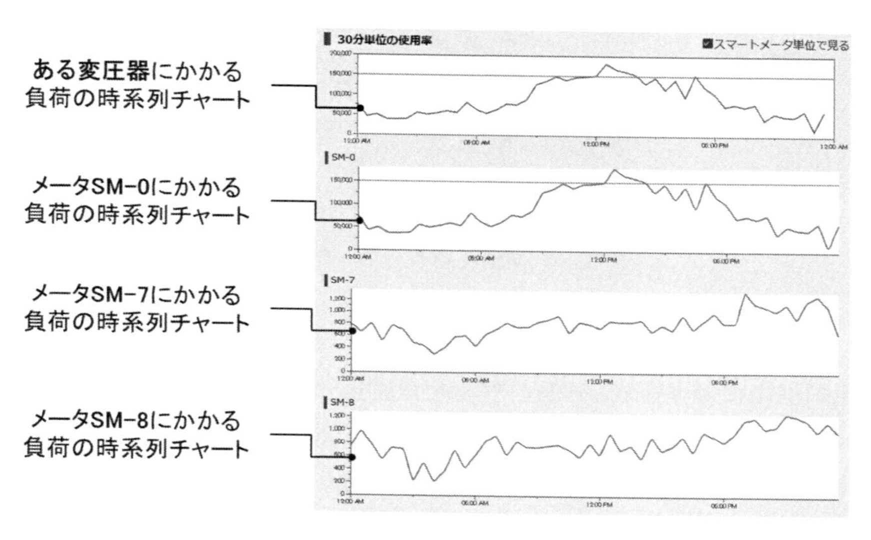

図 5.2　負荷を時系列に可視化したイメージ

消費電力量データをデータ分析システム内部で処理する内容

ドリルダウン分析では何度も上位設備から下位設備への掘り下げが行われるため、その度に結果を可視化する必要があります。しかし扱うデータは 1 日あたり 1,000 万件と多いため、可視化時に集計も行うには時間がかかり、すばやく分析することが難しいと予想されます。そこで本検証では、データ分析システム内部で配電系統の設備ごとの負荷を分析・可視化する前に Spark によるバッチ処理で集計するものとします。これにより分析時に実行される演算処理量を低減します。

各設備の負荷は、その設備の下位設備の負荷（消費電力量）の合計値で計算します（図 5.3）。例えば、変圧器の負荷はその変圧器に属するメータすべての負荷を合計すると求めることができます。図 5.2 の場合ではメータ SM-0、SM-7、SM-8 が出す値の合計値がある変圧器にかかる負荷になります。つまり、ある設備の負荷を求めるためにはメータから得た消費電力量データを設備ごとに順番に足し合わせて集約する必要があります。

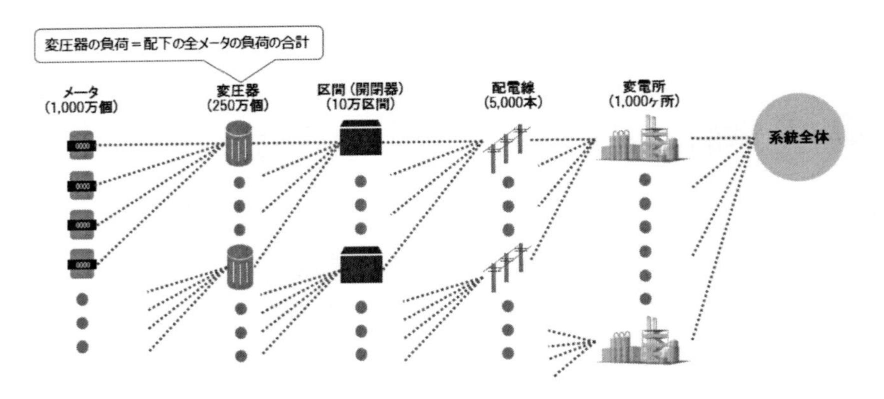

図 5.3　負荷を求めるための考え方

今回は、主に次の 2 点について解説しました。

- Spark SQL では実行する処理を SQL で記述し、直感的にデータ処理を実装できます。Spark 1.6 から 2.0 にメジャーアップデートされた主な変更点は「性能向上」と「処理の記述方法」です。処理の記述方法では DataFrame を利用するために呼び出すエントリポイントが SparkSession に統合されエントリポイントの使い分けを意識する必要がなくなり、アプリケーションの処理ロジック実装に集中できるようになりました。性能向上については次回以降の検証結果を元に解説していきます。
- 検証シナリオでは、メータから 30 分おきに収集した消費電力量データを分析し、設備にかかる負荷を可視化するケースを想定します。ただ 1 日に 1,000 万件のデータが発生する環境では分析・可視化時にデータの集計処理もしていては作業に時間がかかります。そこでデータ分析システム内部で設備ごとの負荷を予め Spark で集計しておきます。

次章は、検証で使用するシステム構成とパラメータの初期設定、検証シナリオに基づいて実施した Spark の性能検証の結果を紹介します。

第6章　Spark 2.0の性能検証の結果とボトルネック

前章では、Spark 2.0 の主な変更点として Spark 1.6 よりも性能が向上し、アプリケーションの実装が容易になったことを解説しました。また、その性能検証のシナリオとして、電力消費量データを集計し可視化するケースを想定することを解説しました。今回は、シナリオに基づいた検証を行うための環境（システム構成、パラメータ）とその検証結果を解説します。

6.1　システム構成

データ分析システムの概要

データ分析システムは、図 6.1 のように管理画面とデータ分析アプリケーション、データ処理基盤の 3 つから成ります。設備企画担当者は管理画面を介してドリルダウン分析を行います。予めデータ分析アプリケーションで設備の負荷を集計し、その演算処理を実行するのがデータ処理基盤です。本書で取り上げるデータ処理基盤には Hadoop および Spark を導入しています。

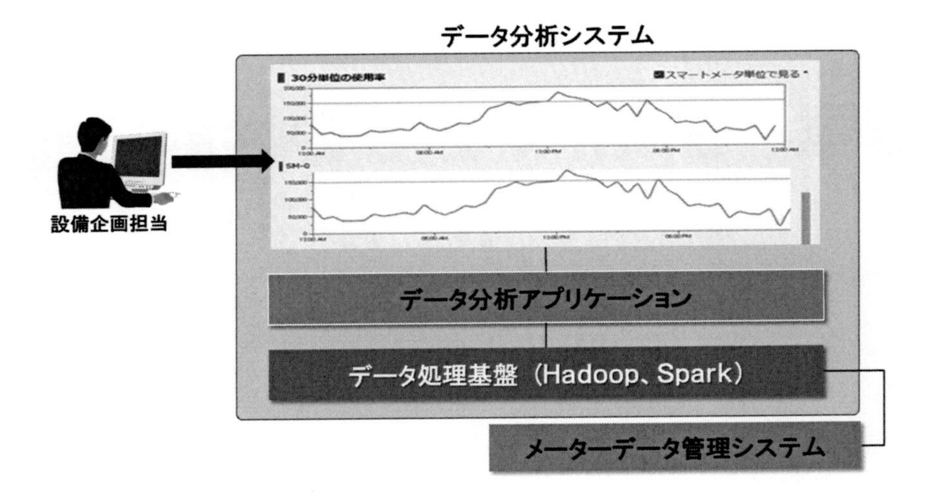

図 6.1　データ分析システムの構成

6.2　ハードウェア構成

データ処理基盤は仮想サーバ 3 台、物理サーバ 7 台の計 10 台とネットワークから構成される Hadoop クラスタです (図 6.2)。Worker ノード間では HDFS のレプリカ作成や Spark のシャッフル処理によって頻繁にデータ交換が発生するため、Worker ノード間を接続するネットワークには 10Gbps の回線を使用しています。

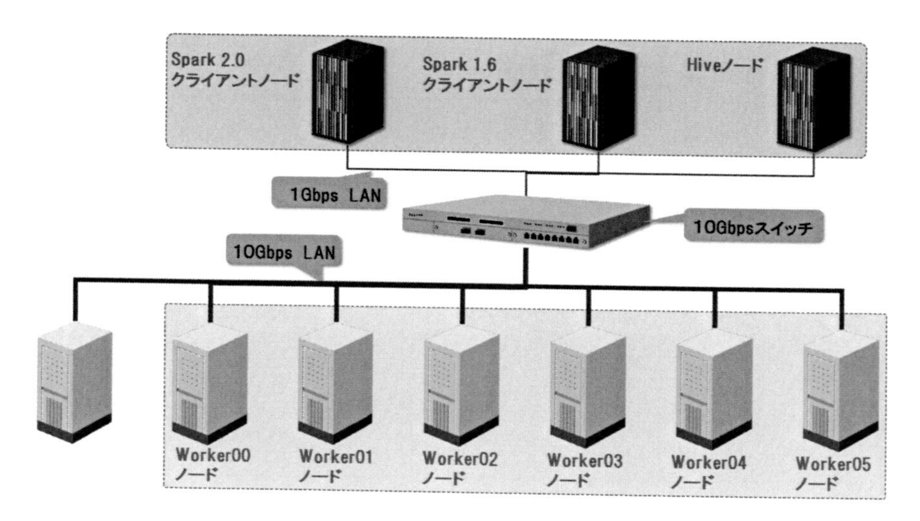

図 6.2 Hadoop クラスタのマシン構成

また、クラスタを構成するマシンのスペックは表 6.1 の通りです。物理マシンの Worker ノードに搭載された 10 台のディスクのうち 2 台を RAID0 構成で OS インストール用に割り当て、残りの 8 台を HDFS に割り当てています。

表 6.1 クラスタを構成するマシンのスペック一覧

#	ノード名	マシン種別	CPU コア [個]	メモリ [GB]	ディスク容量 [GB]	ディスク数 [個]	ディスク総容量 [GB]
1	Spark 2.0 クライアントノード	仮想	2 (2 スレッド)	8	80	1	80
2	Spark 1.6 クライアントノード	仮想	2 (2 スレッド)	8	80	1	80
3	Hive ノード	仮想	2 (2 スレッド)	8	80	1	80
4	Master ノード	物理	16 (32 スレッド)	128	900	8	7,200
5	Worker ノード (Worker 00 - 05)	物理	20 (40 スレッド)	384	1,200	10	12,000

6.3　ソフトウェア構成

ノードごとに与えたロールとインストールしたソフトウェアは図6.3の通りです。Workerノードは6ノードとも同じロールを設定しています。また、全ノードにOSとしてRed Hat Enterprise Linux 6.7を導入します。

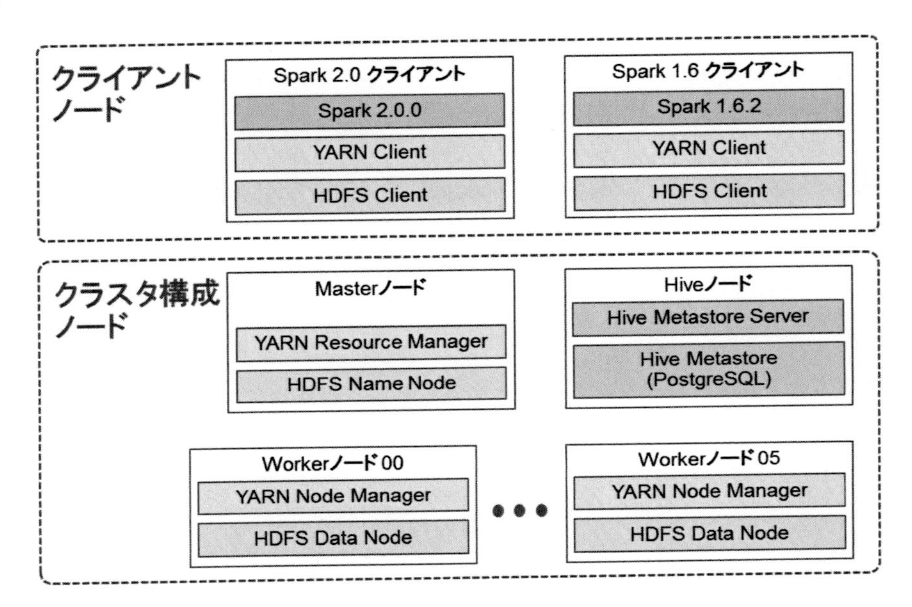

図6.3　クラスタの論理構成

6.4　検証内容

本検証ではSpark 2.0がSpark 1.6よりどの程度性能向上しているかを調べます。そのために、Spark 1.6とSpark 2.0それぞれで消費電力量データの集計処理に要する時間を測定し、結果を比較して評価します。また、集計処理に用いる消費電力量データのデータ量は1日分、30日分、365日分の3通りとします。

検証範囲

データ分析システムのうち、データ分析アプリケーションとデータ処理基盤が性能検証の対象です。データ処理基盤にはHadoopおよびSparkを導入しています。処理性能として測定する処理時間の範囲は、内部集計バッチを実行してから電力消費量データの集計処理が完了するまでに要した時間とします（図6.4）。

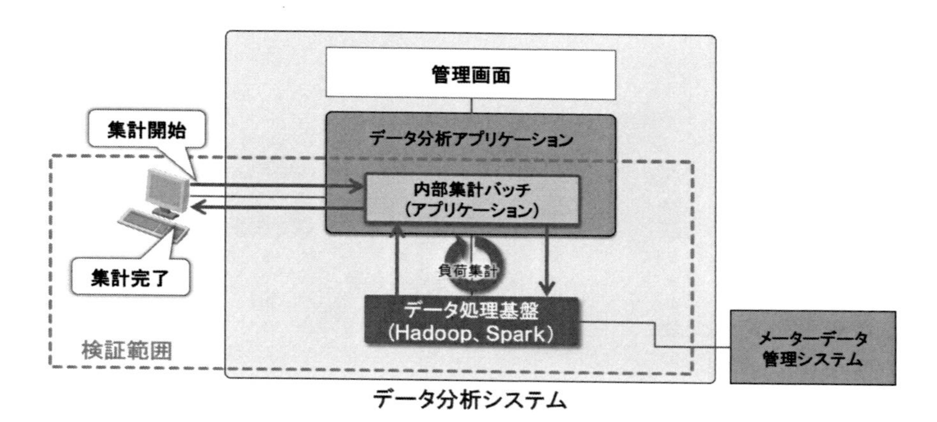

図6.4　検証範囲

処理内容

検証範囲で実施する具体的な処理を説明します。処理内容は図6.5のとおりです。

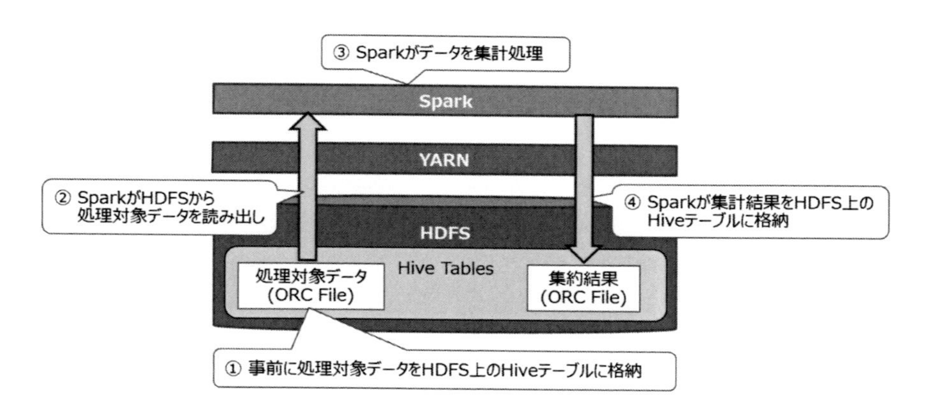

図6.5　本検証での処理手順

本検証では、簡単化のためデータ処理基盤内部のHDFS上に構築したHiveテーブルに事前に処理対象データを格納した状態から集計処理を開始します（1）。このテーブルのデータをSpark SQLで読み出し（2）、Sparkでデータを集計処理し（3）、集計結果を別のHiveテーブルに書き出します（4）。Hiveテーブルへの書き出しが完了した状態で集計処理完了とします。

このうち（3）が設備ごとの負荷を集計して算出する処理です。前章でも説明した通り、配電設備の負荷はその下位の設備の負荷を合計して求めることができます（図6.6）。

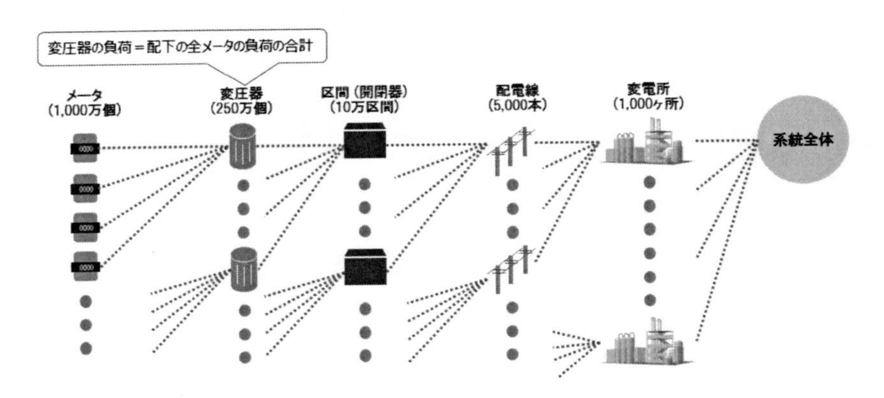

図6.6　負荷を求めるための考え方

Spark SQLで各設備の負荷を求めるには、まずメータ計測値（メータごとの消費電力量）を変圧器ごとに集計し、結果をHiveテーブルへ書き込みます。この処理手順はテーブルの結合（Join）と値の集計処理（GroupByとSUM）から成ります（図6.7）。次に変圧器の負荷を区間ごとに集計してHiveテーブルに結果を書き込みます。これを系統全体の負荷が求まるまで繰り返します。

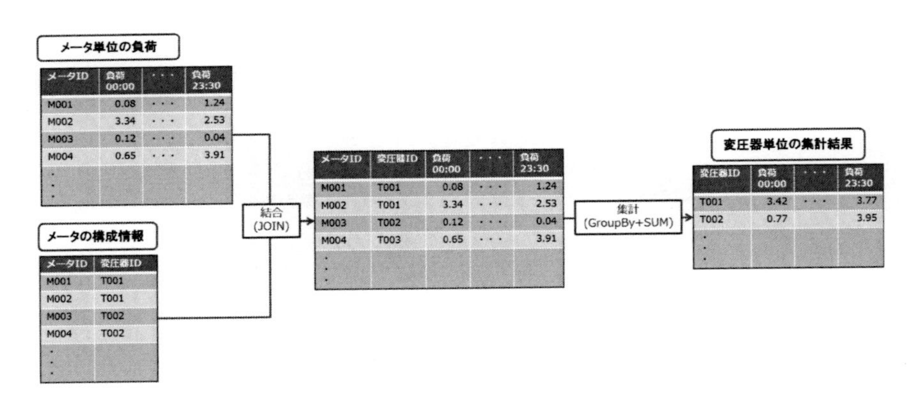

図6.7　設備ごとに負荷を集計する処理

データセット

本検証で使用したデータを表6.2に示します。このデータはすべてORCFile形式でHiveテーブルに格納しています。

表6.2　データセット一覧

#	テーブル名	レコード数	サイズ	説明
1	電力消費量	36億5,000万件	1,325GB	スマートメータから収集した電力消費量データを365日分(1日1,000万件)格納
2	メータ	1,000万件	78MB	メータの構成情報(管理テーブル)
3	変圧器	250万件	32MB	変圧器の構成情報(管理テーブル)
4	区間	10万件	835KB	区間の構成情報(管理テーブル)
5	配電線	5,000件	32KB	配電線の構成情報(管理テーブル)

パラメータ設定

本検証では、OSおよびHadoopを構成するコンポーネントの各種パラメータをそれぞれの表に示す通りに設定しました。特に記載していない項目やパラメータは初期設定の状態です。

OSに関するパラメータの設定値は表6.3の通りです。

表6.3　OSのパラメータ設定値一覧

#	設定項目	設定値	パラメータ名 [設定ファイル]
1	スワップ頻度	1	vm.swappiness [/etc/sysctl.conf]
2	Transparent Hugepage Compaction	never	[/sys/kernel/redhat_transparent_hugepage/defrag]

スワップ頻度として設定する値は0〜100の範囲内で設定し、値が大きいほどスワップ頻度も高くなります。処理対象のデータがディスクに格納された状態でJVMのガベージコレクションが発生するとディスクアクセスが頻発するため、本検証ではスワップ頻度を低く抑えます。

Transparent Hugepageは、メモリ管理の単位であるページの格納領域を初期設定の4KBよりも大きな単位に設定し、その領域を予め確保しておくことでアクセス時間を短縮する仕組みです。Transparent Hugepage Compactionの初期値はalways（常時使用）ですが、この場合はsystemのCPU使用率が高騰する恐れがあるため、本検証では使用しません。

HDFS に関するパラメータの設定値は表 6.4 の通りです。設定ファイル hdfs-site.xml に記述します。

表 6.4　HDFS のパラメータ設定値一覧

#	設定項目	設定値	パラメータ名
1	HDFS に登録する領域	file:///data/1, file:///data/2, file:///data/3, file:///data/4, file:///data/5, file:///data/6, file:///data/7, file:///data/8	dfs.datanode.data.dir

HDFS の使用領域として設定する値は Worker ノードのファイルパスです。本検証では、予めすべての Worker ノードの/data/1、/data/2、……、/data/8 にデバイス（ディスク）をマウントしています。YARN に関するパラメータの設定値は表 6.5 の通りです。設定ファイル yarn-site.xml に記述します。

表 6.5　YARN のパラメータ設定値一覧

#	設定項目	設定値	パラメータ名
1	1 コンテナの割り当てメモリ容量上限	384GB	yarn.scheduler.maximum-allocation-mb
2	1 ノードの割り当て CPU コア数の上限	40	yarn.nodemanager.resource.cpu-vcores
3	1 ノードの割り当てメモリ容量の上限	384GB	yarn.nodemanager.resource.memory-mb

コンテナは YARN によって Worker ノードに割り当てられます。通常は OS や Hadoop デーモンのためにある程度のリソースを残しますが、今回は性能検証のために各項目の設定値を Worker ノードが持つリソース量の上限に合わせます。

Hive（ORCFile）に関するパラメータの設定値は表 6.6 の通りです。Hive テーブルを作成する HiveQL 文中の TBLPROPERTIES に設定します。

表 6.6　Hive(ORCFile) のパラメータ設定値一覧

#	設定項目	設定値	パラメータ名
1	stripe のサイズ	64MB	orc.stripe.size
2	圧縮形式	SNAPPY	orc.compress

stripe のサイズを HDFS のブロックサイズよりも小さく設定するとより高い性能を発揮できるため、本検証では HDFS ブロックサイズ（初期値 256MB）よりも小さく設定します。

圧縮形式は一般的に性能重視の場合は SNAPPY を、圧縮率重視の場合は ZLIB を設定します。今回は性能検証なので、より高速処理が期待できるSNAPPYを設定します。

YARN上でSparkを実行するときは、処理をスケジューリングするドライバ1個とタスクを処理するエグゼキュータ複数個がそれぞれYARNコンテナ上に生成されます（図6.8）。

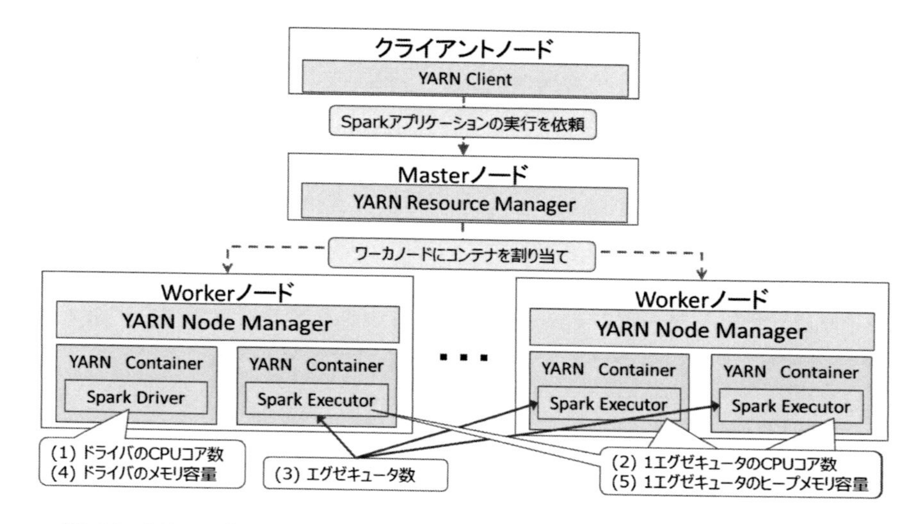

図6.8　YARN上のSparkでアプリケーションを実行するときのリソース配分

これを踏まえたSparkのリソース割り当てに関するパラメータの設定値は表6.7の通りです。設定ファイルspark-defaults.confに記述します。

表6.7　Sparkのパラメータ設定値一覧

#	設定項目	設定値	パラメータ名
1	ドライバのCPUコア数	5	spark.driver.cores
2	1エグゼキュータのCPUコア数	5	spark.executor.cores
3	エグゼキュータ数	41	spark.executor.instances
4	ドライバのメモリ容量	37GB	spark.driver.memory
5	1エグゼキュータのメモリ容量	37GB	spark.executor.memory
6	シリアライザ	KryoSerializer	spark.serializer

ドライバのCPUコア数と1エグゼキュータのCPUコア数は、HDFSのスループットを考慮すると5コア以下が良いとされる*1ため、本検証ではそれぞれ5コアを設定します。

エグゼキュータ数の考え方は次の通りです。OSやHadoopデーモンもCPUを使用するた

*1　Cloudera Engineer Blog - How-to: Tune Your Apache Spark Jobs (Part2)
http://blog.cloudera.com/blog/2015/03/how-to-tune-your-apache-spark-jobs-part-2/

め、各ノードに 5 コアを残し 35 コア（クラスタとしては 210 コア）を Spark に割り当てます。1 エグゼキュータの CPU コア数は 5 コアと定めたので、エグゼキュータ数は最大 42 個設定できます。ただしドライバに割り当てるコアも必要なので、本検証ではエグゼキュータ数を 41 個に設定します。

ドライバのメモリ容量と 1 エグゼキュータのメモリ容量の考え方は次の通りです。OS や Hadoop デーモンもメモリを使用することを考慮して、クラスタメモリ容量の 75%（1,728GB）を Spark が使うものとします。よって、エグゼキュータとドライバ 1 個当たりのメモリ容量は約 42GB です。ただしこの値は、ドライバとエグゼキュータのオーバーヘッド確保容量も含んだものです。オーバーヘッド確保容量はそれぞれ 10% が初期設定されています。これらを考慮してドライバと 1 エグゼキュータのメモリ容量はそれぞれ 37GB に設定します。

シリアライザは、ネットワーク転送やキャッシュ時のシリアライズ処理をデフォルト設定の Java シリアライザよりも高速処理できるため、Kryo シリアライザを設定します。

6.5　検証結果

検証結果を図 6.9 に示します。データ量が 1 日分と 30 日分のときは、Spark 1.6 よりも Spark 2.0 の方が高速に処理を完了できていることが分かります。しかしデータ量が 365 日分のとき、Spark 1.6 ではジョブが完了せずに失敗しました。Spark 2.0 ではジョブ完了までに 13,281 秒（約 3 時間 40 分）を要しており、これは 30 日分のデータ量での結果と比べると、データ量の割に非常に時間がかかっていると言えます。

今回は、検証シナリオに基づいて実際にデータ処理基盤を構築し、データ処理にかかる時間を測定しました。1 日分と 30 日分の消費電力量データを集計するとき、Spark 1.6 よりも Spark 2.0 の方が高速に処理を完了できることを確認できましたが、365 日分の消費電力量データを集計処理すると Spark 2.0 では処理時間が著しく長くなり、Spark 1.6 はジョブが完了せず失敗しました。

次の章では、なぜこのような結果になったのか、その原因について考察します。また、対策としてパラメータチューニングを施し、処理時間の短縮を試みます。

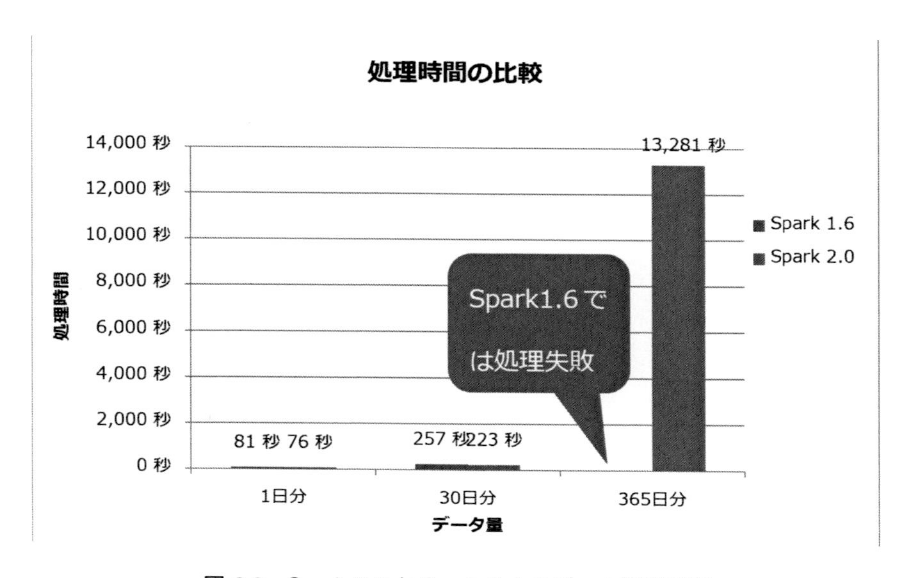

図 6.9　Spark 2.0 と Spark 1.6 のデータ処理時間

第7章　Sparkのデータ処理プロセスと処理性能のボトルネック

前章は実際にデータ処理基盤を構築し、シナリオに基づいた検証を実施しました。その結果、データ量が1日分と30日分の場合では、Spark 1.6よりもSpark 2.0の方が確かに高速に処理を実行できることを確認しました。

しかしデータ量が365日分の場合、Spark 2.0では処理時間が著しく増大し、Spark 1.6ではジョブが失敗してしまいました。今回は、なぜこのような結果になったのか、その原因を考察し対策を施します。

7.1　処理時間が増大した原因の考察

Sparkのデータ処理プロセス

処理時間の増大という性能問題を解決するには、その問題が発生している箇所と処理過程を特定する必要があります。そのため、まずはSparkのデータ処理の概要を解説します（図7.1）。

Sparkでは、Map処理からReduce処理へ遷移する際に中間データを生成・出力します。その処理を「シャッフル」と呼びます。このとき、中間データはファイル出力されるため「シャッフルファイル」とも呼ばれます。図7.1の処理を順序に沿って解説します。

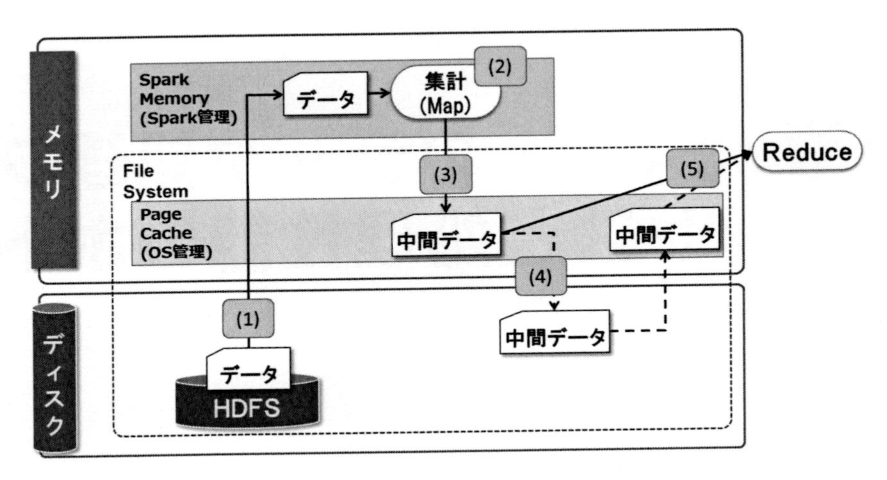

図 7.1　シャッフル処理プロセスの概要

1. HDFS から処理対象の消費電力量データをメモリ上に読み出します。このとき、Spark が管理する領域にデータを読み出します。
2. 読み出したデータをメモリ上で集計処理します。
3. 処理後、中間データ（シャッフルファイル）をファイル出力しますが、ディスクへ書き込む前にメモリ上の OS が管理するページキャッシュ領域に書き込みます。
4. その後、中間データをまとめてディスクへ非同期に書き込みます。
5. 中間データは Reduce 処理が始まるときに読み出されます。中間データがページキャッシュに残っていればページキャッシュから、残っていなければディスクから読み出し、Reduce 処理を実行します。

(4) の中間データがディスクへ非同期に書き込まれるとき、その中間データはメモリ容量に空きがあればページキャッシュに残ります。空きがない場合は即時にディスクへ書き込まれ、中間データはページキャッシュに残りません。つまり、中間データ出力時にメモリ容量に空きがない場合、中間データは Reduce 処理が始まるときにディスクから読み出されます。

性能問題発生個所の特定

検証結果は図 7.2 に示す通りでした。365 日分のデータを処理すると、Spark 2.0 では処理時間が著しく増大し、Spark 1.6 ではジョブが失敗してしまいました。まずはこの理由を考察します。

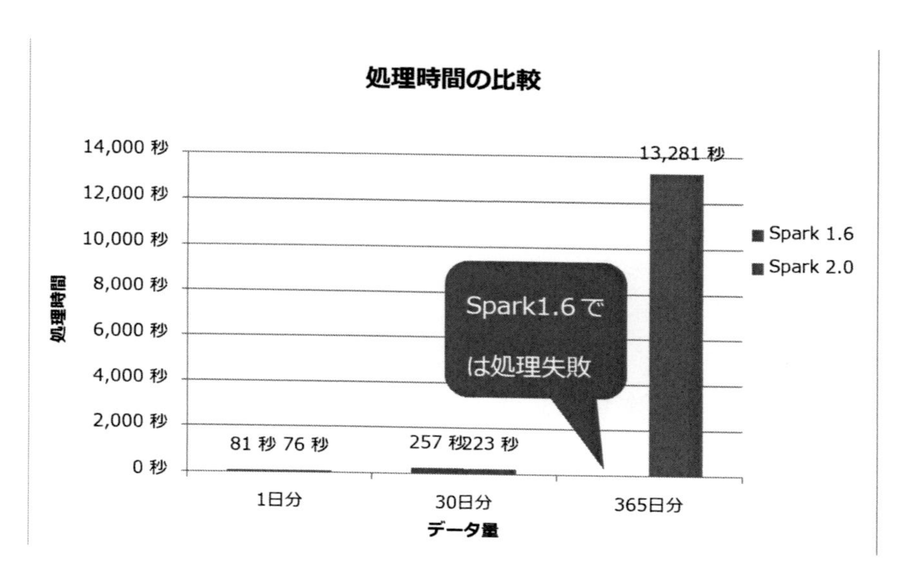

図 7.2　Spark 2.0 と Spark 1.6 のデータ処理時間（再掲）

まず、Spark 2.0 でデータ処理中の Worker ノードのディスク I/O 量を時系列に表したチャートを図 7.3 に示します。Root Read および Root Write は OS のインストール先である Root ディスクに対する読み込み/書き込みのアクセス、Data1 Read/Write〜Data8 Read/Write は HDFS に割り当てたディスクそれぞれに対する読み込み/書き込みのアクセスです。

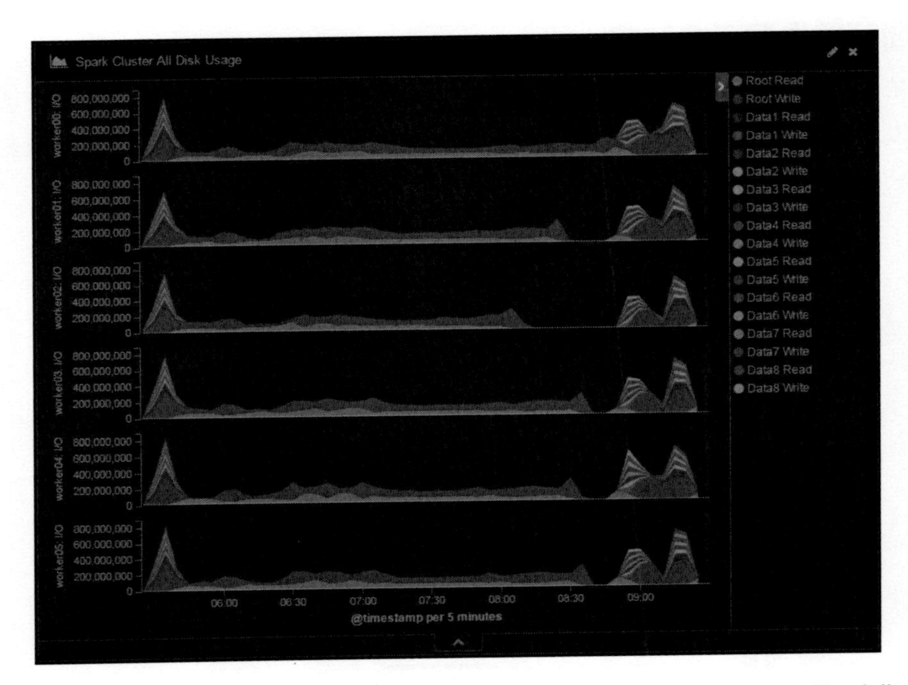

図 7.3　Spark 2.0 における 365 日分のデータを処理したときのディスク I/O 量の変化

このチャートを見ると、各 Worker ノードで Root Read と Root Write が大半を占めています。一方、Data1 Read〜Data8 Read および Data1 Write〜Data8 Write は処理開始時のデータ読み込み時と処理終了時のデータ書き込み時しか行われていないことが分かります。

今回の集計処理で扱うデータは約 1.3TB（レコード数 36 億 5,000 万件）で、かなりの分量があります。処理内容にもよりますが、一般に処理するデータ量が多いほど中間データ（シャッフルファイル）量も多くなります。これはシャッフルファイル出力先に初期設定されている Root ディスクに I/O が集中しているためと考えられます。

次に、データ処理中の Worker ノードの CPU 使用率を時系列に表したチャートを図 7.4 に示します。CPU 使用率の大半は I/O Wait、つまりディスクアクセス待ちで占められています。一方、Spark の処理を表す User は、ほぼ処理開始時と終了時にしか CPU を使用していません。

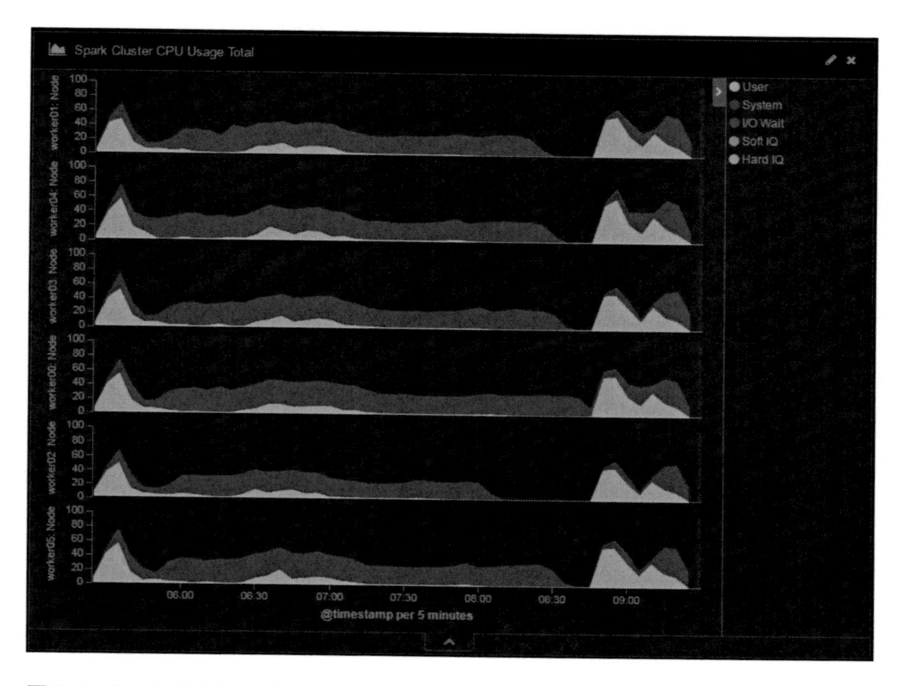

図 7.4 Spark 2.0 における 365 日分のデータを処理したときの CPU 使用率の変化

以上をまとめると、365 日分のデータを集計処理するとき、データ処理基盤では次のような事象が発生していたことが分かります。

- シャッフルファイル出力先に設定されている Root ディスクへのアクセスが集中している
- CPU はディスクアクセス待ちに多く費やされている

推察される原因

Spark のデータ処理の挙動とデータ処理基盤で発生した事象とを考慮すると、次のことが言えます。

- 365 日分のデータを処理する場合は、1 日分と 30 日分のデータを処理する場合に比べて非常に多くの中間データ（シャッフルファイル）が出力された
- シャッフルファイルが多く出力されたことでページキャッシュ（メモリ）の空き容量がなくなり、シャッフルファイルはディスクへ即時に書き込まれた
- Reduce 処理開始時に多量のシャッフルファイルをディスクから読み込んだために、処理時間の多くをディスクアクセスに費やした

このことから、シャッフルファイルの読み書きによるディスクアクセスが性能上のボトルネックになっていると考えられます。

7.2　シャッフル処理に関する性能向上策

チューニングの概要

シャッフル処理の性能向上策の一例として、以下に示すものが考えられます。

表 7.1　シャッフル処理性能向上のための対策一覧

#	対策方針	実現方法
1	シャッフルファイル出力の性能 (スループット) を向上させる	シャッフルファイル出力専用のディスクを新たに追加する
2		HDFS が既に利用しているディスクをシャッフルファイル出力先ディスクとしても共用する
3		シャッフルファイル出力先に SSD 等の高性能な媒体を割り当てる
4	メモリのページキャッシュ領域にシャッフルファイルをすべて収める	Worker ノード数を増やしてクラスタ全体のメモリ容量を増やす (スケールアウト)
5		Worker ノードに搭載したメモリを物理的に増強する

本検証では、既に HDFS が使用しているディスクをシャッフルファイル出力先としても共用する対策をとりました（「シャッフル処理性能向上のための対策一覧」 #2)。この設定は YARN のパラメータ設定ファイル yarn-site.xml に記述します。

シャッフルファイル出力先に指定する値は、Worker ノードのファイルパスです。一般に OS インストール先と同じローカルディスク（Root ディスク）上のパスを指定するので、本検証では表 2 の設定値（file:///hadoop/yarn/node-manager/local）を設定していました。

表 7.2　シャッフルファイル出力先追加のための YARN パラメータ設定値一覧

#	設定項目	設定値	パラメータ名
1	シャッフルファイル出力先	file:///hadoop/yarn/node-manager/local, file:///data/1, file:///data/2, file:///data/3, file:///data/4, file:///data/5, file:///data/6, file:///data/7, file:///data/8	yarn.nodemanager.local-dirs

これに加えて、新たにシャッフルファイルの出力先として Worker ノード 1 台あたりディスク 8 台を追加します（表 2 の file:///data/1〜file:///data/8)。新たに追加したディスク 8 台は既に HDFS でも使用しているディスクなので、HDFS とシャッフルファイル出力の用途で共用します。ちなみに、Worker ノード 1 台あたりの Root ディスクは 2 台ですが、RAID0 を構築しているので OS から Root ディスクは 1 台に見えています。

シャッフルファイル出力先ディスク追加後の検証結果

HDFS が既に利用しているディスクを共用するチューニング（「シャッフル処理性能向上のための対策一覧」#2）を施して、シャッフルファイル出力先ディスクを追加した状態で再度処理時間を計測しました。まず、Spark 2.0 での結果を図 7.5 に示します。365 日分データの集計処理において、ディスク追加後は追加前に比べて約 3.6 倍の性能向上が見られます。次に、Spark 1.6 での結果を図 7.6 に示します。365 日分のデータ処理のとき、シャッフルファイル出力先ディスク追加前は処理が完了せず失敗していましたが、追加後は処理が完了しています。

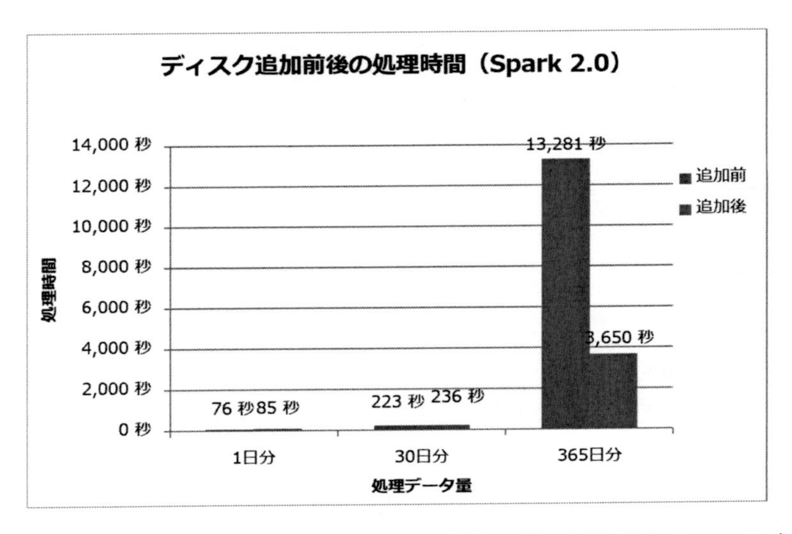

図 7.5　シャッフルファイル出力先ディスク追加前後の処理時間（Spark 2.0）

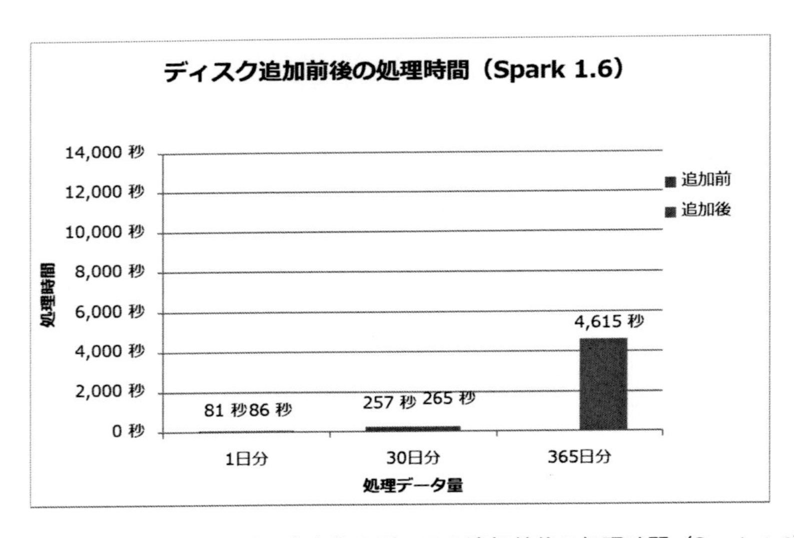

図 7.6　シャッフルファイル出力先のディスク追加前後の処理時間（Spark 1.6）

一方、Spark 2.0、Spark 1.6 共に 1 日分および 30 日分のデータ量のとき、ディスク追加後では 5〜10% 程度処理時間が増加しました。その処理時間の比較を図 7.7 に示します。処理データ量が 1 日分、30 日分の処理結果は前章の「パラメータ設定」で紹介した設定での結果です。365 日分の処理結果は今回の「チューニングの概要」で解説したシャッフルファイル出力先ディスクを HDFS と共用して追加した設定での結果です。

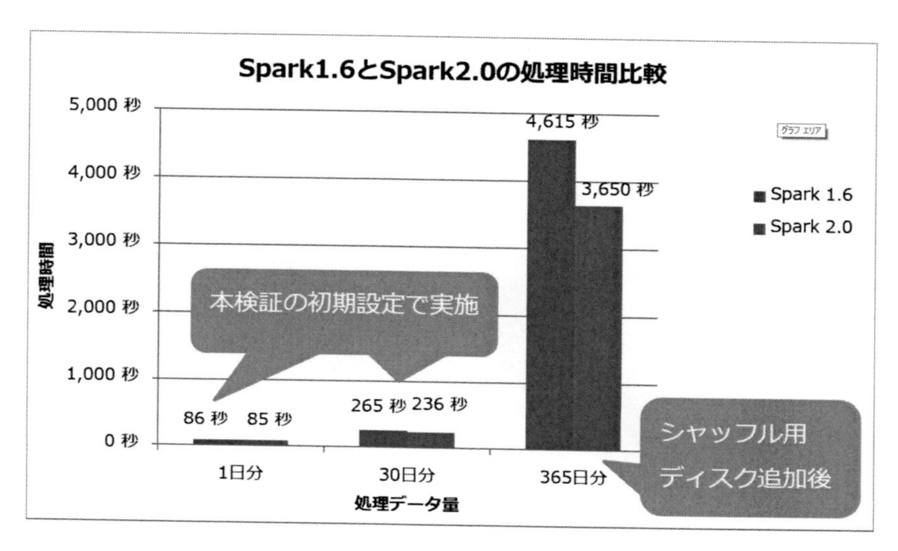

図 7.7　Spark 1.6 と Spark 2.0 での処理時間比較の結果

この結果では、Spark 2.0 は Spark 1.6 よりも処理データ量が 1 日分の場合は約 1 %、30 日分の場合は約 11 %、365 日分の場合は約 20 %高速であることを確認しました。

チューニング効果の確認

Spark 2.0 におけるシャッフル用ディスク追加後のデータ処理時のディスク I/O 量の変化を時系列で表したチャートを図 7.8 に示します。全ディスクでほぼ均等に読み込み/書き込みが行われていることが分かります。また、各 Worker ノードのディスク I/O 量もシャッフル用ディスク追加前は 200MB/秒程度（図 7.3）だったのに対し、追加後は 1,000MB/秒程度で推移しスループットが向上しています。

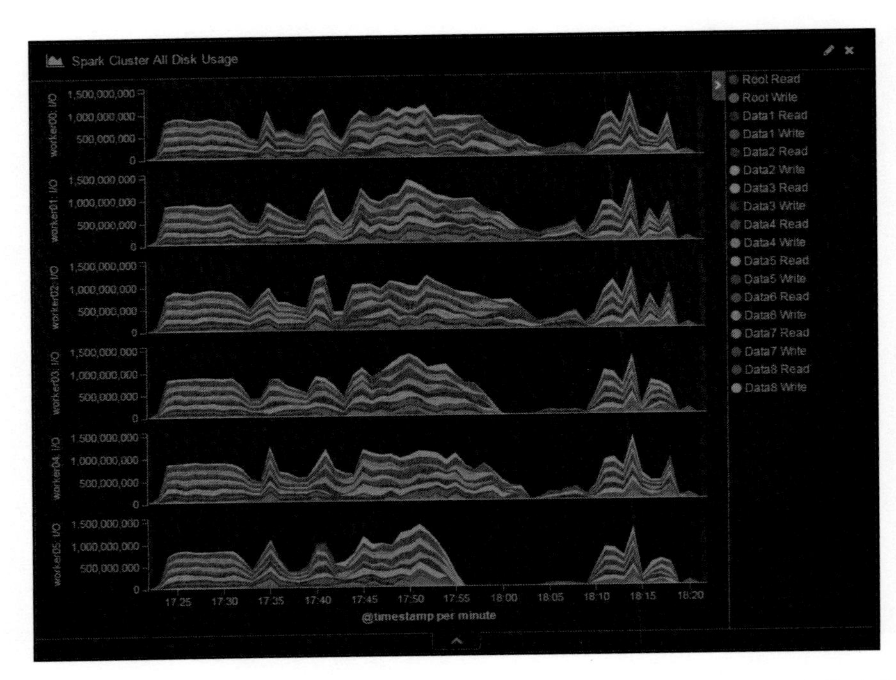

図 7.8　Spark 2.0 における 365 日分のデータを処理したときのディスク I/O 量の変化（ディスク追加後）

データ処理時の CPU 使用率の推移を図 7.9 に示します。シャッフル用ディスク追加前(図 7.4) と比べて I/O Wait つまりディスク I/O 待ちが占める割合は低下している一方で、User つまり Spark の処理が占める割合が大幅に増加しています。

Spark 2.0、Spark 1.6 は共に 1 日分および 30 日分のデータ処理時間が 5% から 10% 程度増加するという結果を得ています。これは次のような理由によると考えられます。

1 日分および 30 日分のデータ処理では、メモリの空き容量に余裕がありシャッフルファイルがページキャッシュ領域に収まるため、書き込み先ディスクが増えることによる性能改善効果は少ないと考えられます。一方、今回の対策ではシャッフルファイルの出力先ディスクと HDFS 用ディスクを共有したため、ページキャッシュ上のシャッフルファイルが非同期に HDFS 用ディスクに書き込まれることで HDFS 用ディスクの I/O のオーバヘッドが増えたことが性能低下の一因と考えられます。

以上のことから、365 日分のデータの処理のようにシャッフルファイルがページキャッシュ領域に収まらない場合は、HDFS に割り当てたディスクをシャッフル用にも割り当て共用することで処理性能を向上できるといえます。しかし 1 日分および 30 日分のデータ処理のように、

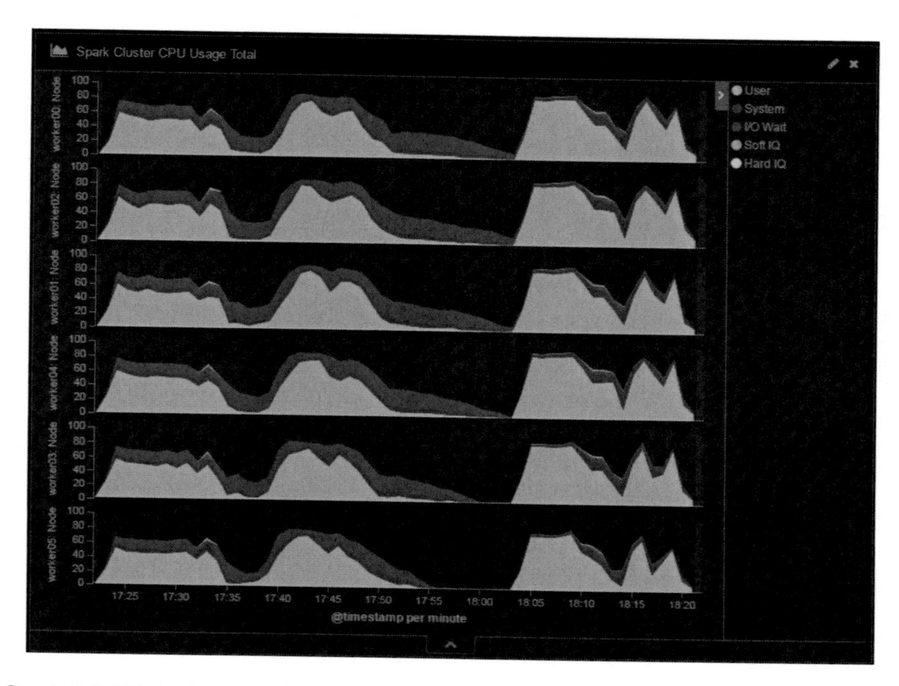

図 7.9　Spark 2.0 における 365 日分のデータを処理したときの CPU 使用率の変化語（ディスク追加後）

シャッフルファイルがページキャッシュ領域に収まる場合は、逆に処理性能を低下させてしまいます。

7.3　性能検証の振り返り

バッチ処理における Spark 2.0 の実際の性能

本検証で Spark 2.0 は Spark 1.6 比で約 20% の性能向上が確認できました。しかし Spark 2.0 のリリースノートでは「2 倍から 10 倍の処理性能向上」と記載されています。このギャップは本検証に前章の「処理内容」で解説した多段の処理を含んでいることに起因しています。Spark ではデータの結合（JOIN）処理が発生するとその度にシャッフル処理を実行し、シャッフルファイルの出力とディスクアクセスが頻発します。その結果、HDFS からの処理データ読み出しと合わせたディスクアクセスが処理時間の大半を占めるため、性能向上の度合いは高くないことが分かりました。

現在、企業が管理するデータの多くが RDB に格納されており、既存のバッチ処理の多くが多段の集約処理を含んでいるものと思われます。このようなバッチ処理を単純に Spark で実行した場合、本検証のように大幅な業務の処理性能向上は期待できないと思われます。一方、機械学習のようにデータ結合が不要でメモリ上で繰り返し処理される場合には、さらなる処理性能向上が期待できます。

Spark の性能向上のためにすべきこと

シャッフルファイルも含むすべてのデータがメモリ（ページキャッシュ領域）に収まるとき、最も処理性能を発揮できると言えます。そのためには十分なメモリ容量をクラスタに搭載することが求められます。

シャッフルファイルがメモリに収まらないとき、シャッフルファイル出力先ディスクを HDFS 用ディスクと共用して増設するというチューニングにより約 3.6 倍の性能改善を確認しました。ただしこのチューニングは HDFS のディスクアクセス性能を低下させるため、すべてのデータがメモリに収まる場合と比べて処理性能は低くなります。クラスタのメモリ容量が十分でない場合には、チューニングだけでなく Spark を使うかどうかを含めて慎重に判断する必要があります。

今回は、前の章で検証で発覚した問題の原因を特定し対策を施しました。Spark がシャッフルファイルを出力する処理が原因箇所であり、対策として Spark のシャッフルファイル出力先ディスクを追加したところ、ジョブは失敗することなく処理完了し、最大で約 3.6 倍の性能向上が見られました。また、この結果から Spark 2.0 は Spark 1.6 に比べて約 20 %高い性能を発揮していることが分かりました。

次の章では、今回紹介した以外の Spark に関わるさまざまなパラメータチューニングを施し、本検証における最適なクラスタ構成・設定を示します。

第8章　性能向上のためのパラメータチューニングとバッチ処理向けの推奨構成

前章では、Sparkで処理を実行したときのボトルネック箇所と、その対策について解説しました。今回は、「本検証のシナリオではどのようなクラスタ構成が良いか」検証した結果を解説します。

8.1　Spark2.0のパラメータチューニング

最適なクラスタ構成を検討するにあたり、今回はSparkの（設定ファイルspark-defaults.confに記述できる）パラメータのうちいくつかをチューニングします。条件は次の通りです。

- Sparkのバージョンは2.0
- 処理対象のデータは365日分の消費電力量データ
- Sparkのシャッフルファイル出力先ディスクはHDFSと共用（前章で解説したもの）

8.2　パーティション数のチューニング

Sparkはデータを「パーティション」という単位で並列処理します。処理の流れは以下の通りです（図8.1）。今回はシャッフル処理後の適切なパーティション数を検証します。

(1) データソースからデータを読み出し　データソースがHDFSの場合、Sparkはブロック単位でHDFS上のファイル群を読み出し、各ブロックをパーティションとして扱います。Sparkのパーティション数はHDFSから読み出したBlock数と同じです。

(2) データを並列に変換処理　1パーティションを1タスクで並列に変換処理していきます。

(3) シャッフル処理　処理の途中でパーティション間のデータ交換（シャッフル）を行います。このときパーティション数はデフォルト設定で200個に変更されます。

(4) データストアにデータを書き込み　変換処理が完了したら、処理結果をパーティション単位で並列にデータストアへ書き込みます。

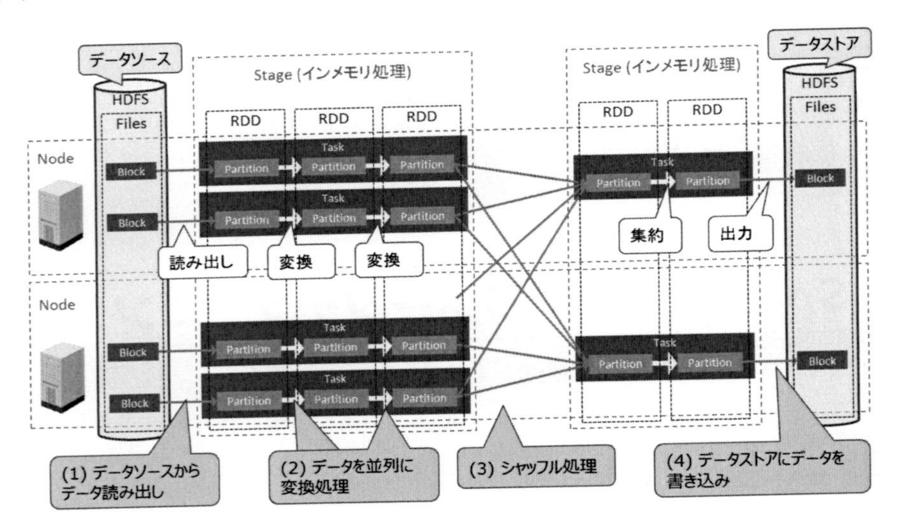

図8.1　Sparkのデータ処理

最適パーティション数の検証内容

Sparkが最初にHDFSからデータを読み込んだ時（図8.1(1)）のパーティション数はファイルのブロック数と同じですが、DataFrame APIを使用してシャッフル処理（図8.1(3)）すると、パーティション数が200個（デフォルト値）に変更されます。デフォルト設定では1パーティションを1コア（で動作する1タスク）が処理するため、最低でもコア数以上のパーティションがないと最適な設定とは言えません。またシャッフル処理後の適切なパーティション数は処理に依存します。

本検証でSparkに割り当てたコア数は210個です。そこでシャッフル処理後のパーティション数を200個（デフォルト値）と210個から5040個（割当コア数の24倍）の間で設定し、それぞれの処理時間を測定して最適なパラメータ設定値を求めます。

検証結果

シャッフル処理後のパーティション数設定と処理時間の関係を図8.2に示します。

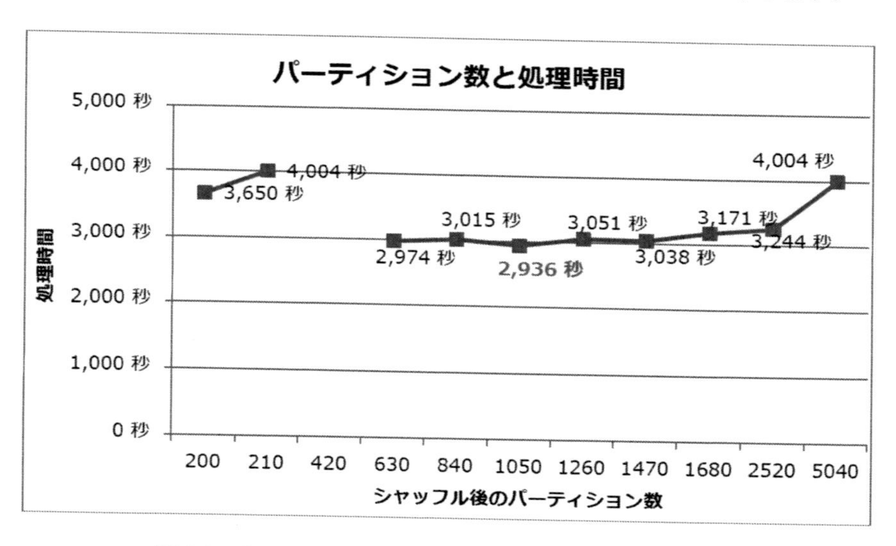

図8.2　シャッフル後のパーティション数設定と処理時間

この結果から、次のことが分かります。

- パーティション数が630個から1,470個の間では処理時間が約3,000秒で推移した
- パーティション数が1,050個のとき、処理時間は最短で2,936秒であった
- デフォルト設定（200個）に比べて約700秒、本検証の初期設定（210個）と比べて約1,070秒短縮
- パーティション数が420個のときは処理が失敗した

最適パーティション数の考察

Sparkを実システムに適用する際には、コア数のほかに次のような要素にも影響を受けるた

め、事前に検証して最適なパーティション数を探る必要があります。

- ディスク台数（パーティション数はディスクへの並列書き込み数となるため）
- データ量（1 パーティションあたりの保持データ量）

本検証では、パーティション数を 1,050 個に設定すると最も高速に処理を実行できたので、この値を最適な設定値とします（表 8.1）。このパラメータ設定は spark-defaults.conf に記述します。

シャッフル後のパーティション数を 420 個に設定したときに処理が失敗した原因は不明です。Spark はメモリが少ない場合にデータをディスクに書き出して確保しますが、タイミングによって確保に失敗することがあるようです。

表 8.1　本検証におけるパーティション数の最適な設定値

#	設定項目	設定値	パラメータ名
1	シャッフル後の DataFrame のパーティション数	1050	spark.sql.shuffle.partitions

8.3　Spark へのメモリ割当量のチューニング

最適メモリ割当量の検証内容

Spark にクラスタの全メモリを割り当てることはできません。クラスタでは Spark のほかに OS や Hadoop デーモンがメモリを使用するためです。前章で、シャッフルファイルがディスクに書き込まれるとき、OS のページキャッシュが使われることを解説しました。今回の集計処理はシャッフルするデータ量が多く、ページキャッシュ用にある程度のメモリを確保する必要があります。

そこで本検証では、Spark に割り当てるメモリ容量をクラスタの全メモリの 75 %に相当する 1,728GB（デフォルト設定）から 15 %に相当する 345GB の間で設定し、それぞれの処理時間を測定して最適なパラメータ設定値を求めます。

検証結果

Spark に割り当てるメモリ容量を変化させたときの処理時間を図 8.3 に示します。

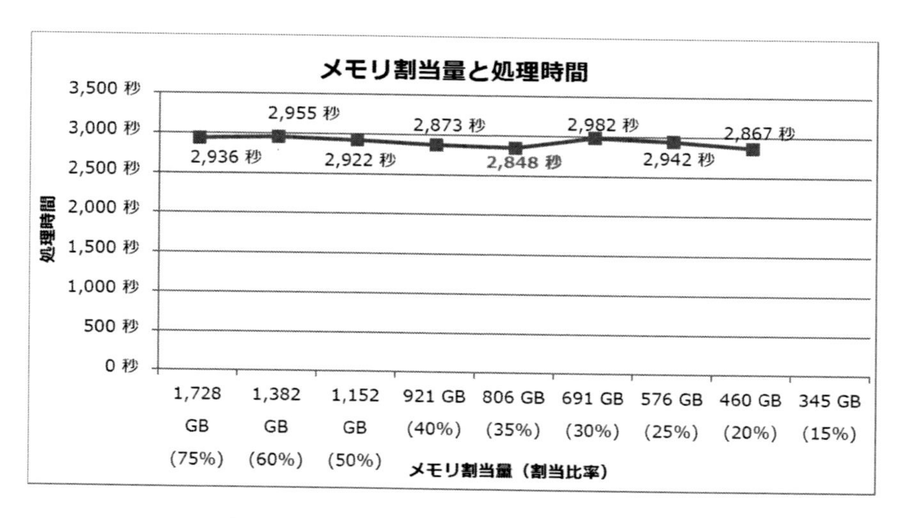

図 8.3　Spark へのメモリ割当量と処理時間

この結果から、次のことが分かります。

- Spark へのメモリ割当量を減らしても処理時間に大きな変化は見られない

また本検証中に次のような事象に遭遇し、対応しました。

- メモリ割当量を減らすと、エグゼキュータのコンテナが YARN によって停止されることがある
  本検証では Spark へのメモリ割当量を 619GB 以下に設定したときにコンテナが停止されました。
- エグゼキュータに割り当てるメモリのオーバヘッド確保容量を増やすことでコンテナ停止を回避できた
  コンテナ停止時に Spark のログを参照すると、オーバヘッド確保容量を調整するようメッセージが出力されました。よって今回は、メモリ割当量 691GB、576GB のときにメモリオーバヘッドを 20% に、メモリ割当量 460GB のときにメモリオーバヘッドを 30 %に設定しました。

最適メモリ割当量の考察

最短の処理時間は 2,848 秒で、1,728GB（デフォルト設定）のときの 2,936 秒から約 3 %の高

速化を達成しました。平均処理時間は 2,915.6 秒、標準偏差は 47.6 なので性能向上していると言えます。

よって、本検証では処理時間が最短だった Spark へのメモリ割当量 806GB（クラスタ全体の約 35 %）を最適値に定めます（表 8.2）。このパラメータ設定は spark-defaults.conf に記述します。

表 8.2　検証で求めた Spark へのメモリ割当容量の最適設定値

#	設定項目	設定値	パラメータ名
1	ドライバのメモリ容量	19GB	spark.driver.memory
2	1 エグゼキュータのメモリ容量	19GB	spark.executor.memory

Spark へのメモリ割当量が 1,728GB のときのメモリ使用量の推移を図 8.4 に、メモリ割当量が 460GB のときのメモリ使用量の推移を図 8.5 に示します。Cache が OS のページキャッシュ、Used が Spark の使用メモリです。今回の検証内容のようにシャッフルのディスク I/O 量が大きい場合は、Spark 用のメモリを減らした分だけ OS のページキャッシュが使用できるメモリが増え、ディスク I/O が減少するため、結果として処理時間はあまり変わらなかったと考えられます。

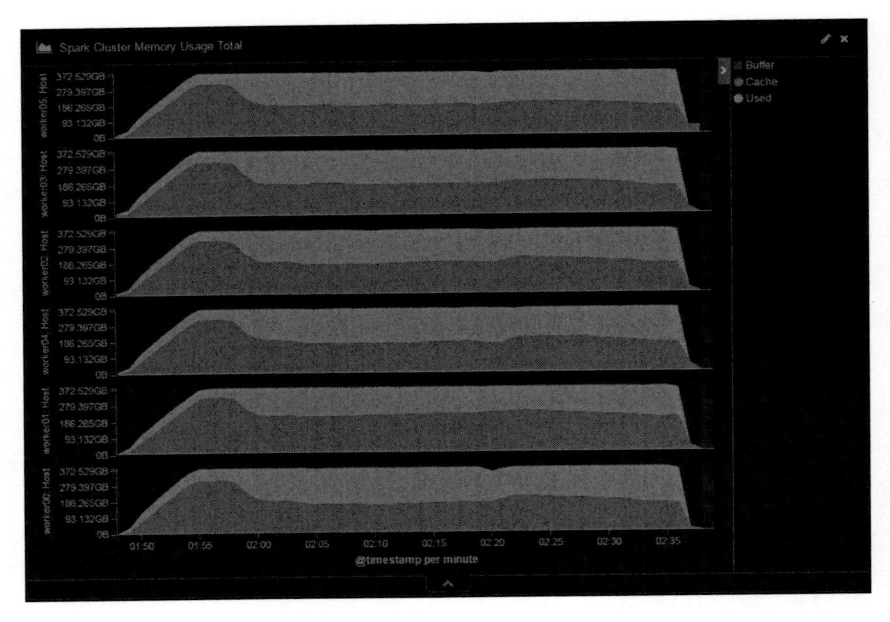

図 8.4　Spark へのメモリ割当量 1,728GB のときのメモリ使用量の変化

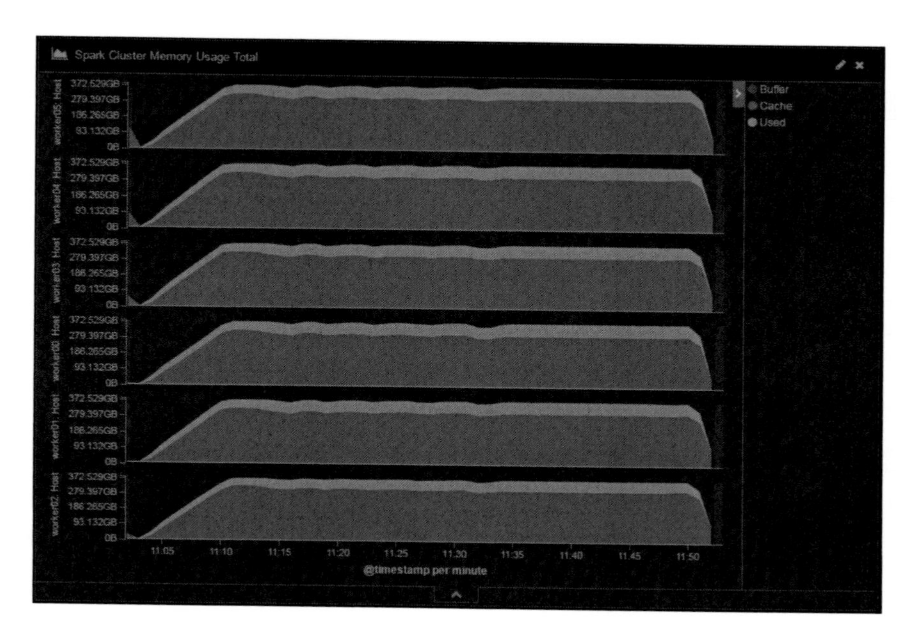

図 8.5　Spark へのメモリ割当量 460GB のときのメモリ使用量の変化

よって、Spark へのメモリ割当量は多ければ良いというわけではありません。前章で触れたシャッフル処理時のディスクアクセスを考慮して、ある程度のメモリを OS のページキャッシュ用に使わせるべきです。つまり Spark へ割り当てるメモリを増やすほど OS のページキャッシュに使えるメモリが減るため、メモリにシャッフルファイルが収まらずシャッフル処理（のディスクアクセス）に時間を浪費する恐れが高まります。この場合は、やはりクラスタに搭載するメモリ容量を十分に用意すべきです。

またシャッフルデータ量が多い場合は、シャッフル処理時にエグゼキュータへ割り当てられたメモリ容量を超過して、エグゼキュータのコンテナが YARN によって停止されることがあります。この事象は Spark に割り当てるメモリが少ないほど発生しやすいです。エグゼキュータに割り当てるメモリのオーバヘッド確保容量をデフォルト値の 10% から増やす（表 8.3）ことで回避できました。このパラメータ設定は Spark の設定ファイル spark-defaults.conf に記述します。*1

*1　エグゼキュータ自身が使用するメモリ容量。デフォルトでは 384MB もしくは Spark 割当量の 10% のうち、大きいほうの値が使用される

表 8.3　Spark のエグゼキュータのパラメータ設定

#	設定項目	設定値	パラメータ名
1	エグゼキュータのメモリオーバヘッド確保容量	20 %から 30 %程度 ただし処理やメモリ量で異なり試行錯誤が必要	spark.yarn.executor.memoryOverhead

8.4　エグゼキュータ数のチューニング

ここでは、Spark へのメモリ割当量を 806GB（クラスタ全体の約 35%）に設定した状態で検証します。

最適エグゼキュータ数の検証内容

エグゼキュータ数を増加させると、エグゼキュータ間での通信などを処理するオーバヘッドが増加します。一方で 1 エグゼキュータに割り当てるメモリ量が小さくなり、Java のガベージコレクション（GC）にかかる時間やキャッシュミス、TLB ミスが減少します。

そこで本検証では、エグゼキュータ数を 11 個から 65 個の間で設定し、それぞれの処理時間を測定して最適なパラメータ設定値を求めます。エグゼキュータ数を変化させた場合も、その増減に合わせて CPU コア数とメモリ量を調整することで、Spark に割り当てる合計 CPU コア数は 210 個、メモリ量は 806GB で一定となるようにします。

検証結果

Spark に割り当てるエグゼキュータ数を変化させたときの処理時間を図 8.6 に示します。

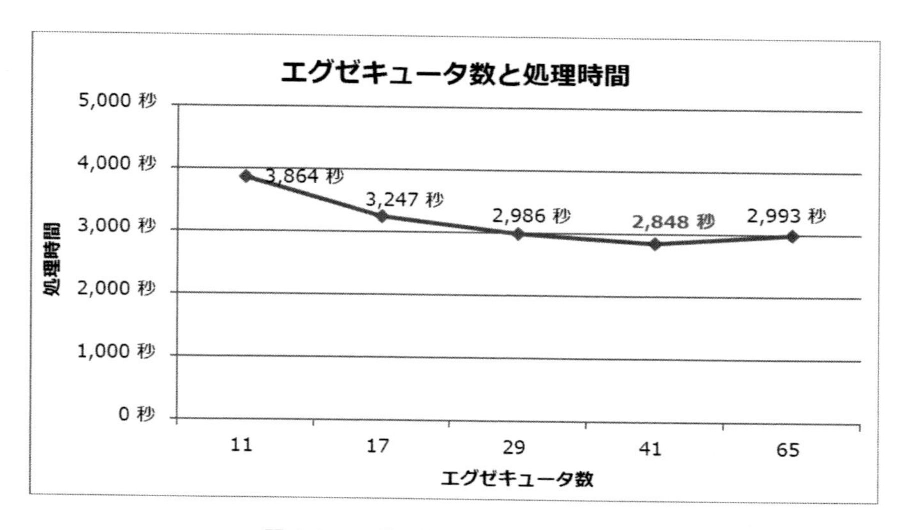

図 8.6　エグゼキュータ数と処理時間

この結果から、次のことが分かります。

- エグゼキュータ数を増やすと処理時間が短縮できる傾向がある
- エグゼキュータ数が 41 個（初期設定）の場合に処理時間が最短（2,848 秒）であった

最適エグゼキュータ数の考察

エグゼキュータ数を 11 個から 41 個まで増加させた間は処理時間が短縮され、65 個に増加した場合は 29 個に設定したときと同程度の処理時間に戻っています。ここが、エグゼキュータあたりのリソースを絞ったことによる GC にかかる時間やキャッシュミスを低減できたことよりも、エグゼキュータ間で発生する処理のオーバヘッドが大きくなる境界と考えられます。

よって、本検証ではエグゼキュータ数 41 個（本検証の初期設定）を最適設定値として定めます（表 8.4）。このパラメータ設定は spark-defaults.conf に記述します。

表 8.4　検証で求めたエグゼキュータ数の最適設定値

#	設定項目	設定値	パラメータ名
1	エグゼキュータ数	41	spark.executor.instances

8.5　コア数のチューニング

ここでは、Spark のエグゼキュータ数を 41 個（本検証の初期設定値）に設定した状態で検証します。

最適コア数の検証内容

Spark にクラスタの全 CPU コアを割り当てることはできません。クラスタでは Spark のほかに OS や Hadoop デーモンがメモリと同様に CPU コアを使用するためです。また Spark にコア数を多く割り当てても、処理性能は向上しない可能性があります。Spark からディスクへの書き込みがボトルネックとなり、Spark に割り当てた CPU 時間の多くを I/O wait に費やすかもしれないからです。

そこで本検証では、Spark への CPU コア割当数を 210 個（初期設定）から 46 個（ドライバ 5 コア・エグゼキュータ 1 コア）の間で設定し、それぞれの処理時間を測定して最適なパラメータ設定値を求めます。

検証結果

Spark に割り当てる CPU コア数を変化させたときの処理時間を図 8.7 に示します。

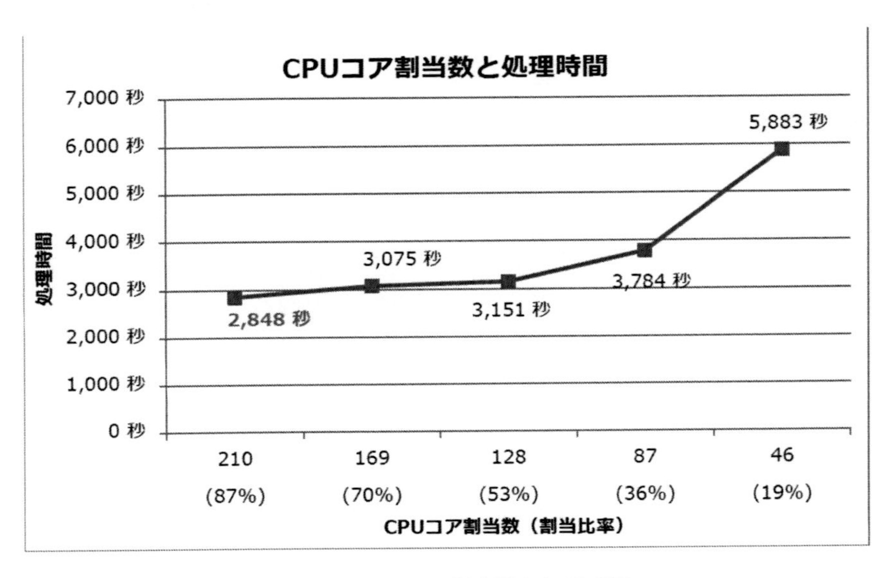

図 8.7　CPU コア割当数と処理時間

この結果から、次のことが分かります。

- Spark に割り当てるコア数を減らすと処理時間が増加する
- Spark への割当コア数が 210 個（初期設定）のとき、処理時間が最短（2,848 秒）であった

最適コア数の考察

割当コア数を減らすほど処理時間は増加しました。よって、最も割当コア数が多い本検証の初期値である 210 個を最適設定値として定めます（表 8.5）。このパラメータ設定は spark-defaults.conf に記述します。

表 8.5 CPU コア割当数の最適設定値

#	設定項目	設定値	パラメータ名
1	ドライバの CPU コア数	5	spark.driver.cores
2	1 エグゼキュータの CPU コア数	5	spark.executor.cores

8.6 パラメータチューニングの総括

本書で全 4 回にわたって検証したパラメータチューニングを振り返ります。

チューニングの効果

今回、Spark 2.0 に各チューニングを施した場合の処理時間を図 8.8 にまとめます。チューニングを実施することで、本検証での初期設定時に比べて約 4.7 倍の高速化を達成しました。

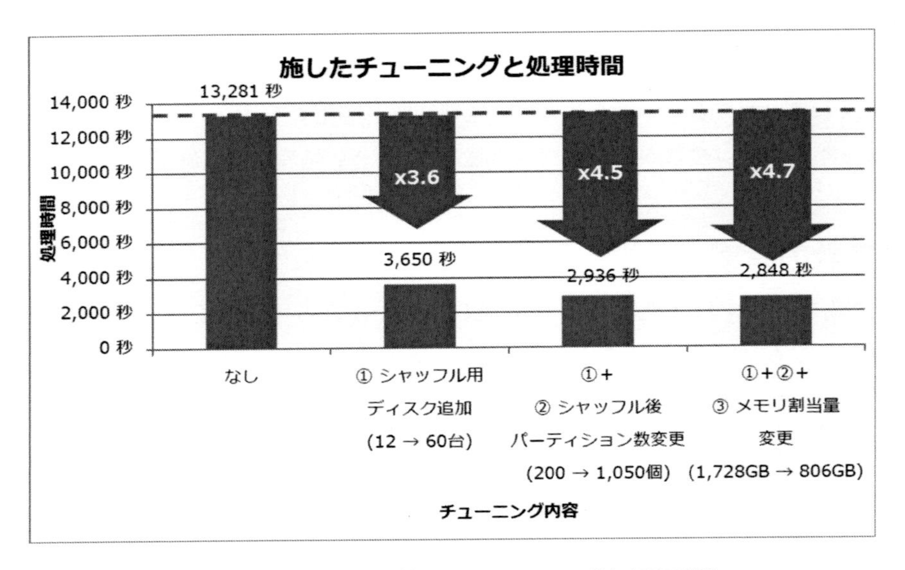

図 8.8　Spark 2.0 に施したチューニングと処理時間

バッチ処理向けのクラスタ推奨構成

本検証の結果と考察を基に、バッチ処理向けの Hadoop（Spark 2.0）クラスタ構成の考え方の一例を表 8.6〜表 8.9 に示します。

表 8.6　推奨マシンスペック

#	ノード (ロール)	台数	CPU コア	メモリ容量	ディスク数
1	Client	1	2 コア以上	8GB 以上	1
2	Hive Metastore Server	1	2 コア以上	8GB 以上	1
3	Master	1	4 コア以上	16GB 以上	1
4	Worker	多いほど良い	多いほど良い	Spark の処理データとシャッフルファイルが載る量以上	OS インストール領域：1 シャッフル用：多いほど良い HDFS 用：多いほど良い

HDFS のブロックはデフォルトで 3 台に複製されるため、最低 4 台の Worker ノードを用意するべきです。Worker ノード間は 10Gbps 回線での接続を推奨します。

Spark のシャッフルファイル出力先（YARN）と HDFS は同じディスクを共用します。OS インストール領域のディスクは多量のアクセスによりハングする恐れがあるため、シャッフルファイル出力先とは共用しないことを推奨します。

表 8.7 HDFS の推奨パラメータ設定 (hdfs-site.xml)

#	設定項目	設定値	パラメータ名
1	HDFS が使用するディレクトリ	ノードに搭載されたディスクのうち、OS インストール先ディスク以外を使う。ディスクは多いほど良い	dfs.datanode.data.dir

表 8.8 YARN の推奨パラメータ設定 (yarn-site.xml)

#	設定項目	設定値	パラメータ名
1	1 コンテナの割り当てメモリ容量上限	サーバ (worker ノード)1 台が持つメモリ容量のうち 75% 程度を割り当てる	yarn.scheduler.maximum-allocation-mb
2	1 ノードの割り当て CPU コア数の上限	OS や Hadoop デーモンのために数コア残し、残りをすべて割り当てる	yarn.nodemanager.resource.cpu-vcores
3	1 ノードの割り当てメモリ容量の上限	サーバ (worker ノード)1 台が持つメモリ容量のうち 75% 程度を割り当てる	yarn.nodemanager.resource.memory-mb
4	シャッフルファイル出力先	ノードに搭載されたディスクのうち、OS インストール先ディスク以外を使う。HDFS が使うディスクと共用しても構わない。ディスクは多いほど良い	yarn.nodemanager.local-dirs

表 8.9 Spark の推奨パラメータ設定 (spark-defaults.conf)

#	設定項目	設定値	パラメータ名
1	ドライバの CPU コア数	5 コア以下	spark.driver.cores
2	1 エグゼキュータの CPU コア数	5 コア以下	spark.executor.cores
3	エグゼキュータ数	第 6 章の表 6.7 について解説した内容と同様の考え方	spark.executor.instances
4	ドライバのメモリ容量	第 6 章の表 6.7 同様	spark.driver.memory
5	1 エグゼキュータのメモリ容量	第 6 章の表 6.7 同様	spark.executor.memory
6	シリアライザ	KryoSerializer	spark.serializer
7	シャッフル後の DataFrame のパーティション数	予め検証して最適な値を求める必要がある	spark.sql.shuffle.partitions

OS と Hive（ORCFile）の推奨パラメータ設定は第 6 章の時と同じです。

8.7 おわりに

最後にポイントをまとめます。

- Spark 2.0 は Spark 1.6 に比べて処理性能が約 20 %向上
  本検証のシナリオ（電力データの集計処理）ではデータ結合を含む多段の集約処理を含むため、Spark のシャッフル処理が頻発しディスクアクセスが処理時間の大半を占めました。企業が持つデータの多くは RDBMS で管理されていると考えられるため、そのようなデータを活用して動作する既存のバッチ処理にはデータ結合も含み、Spark1 系から Spark 2.0 に移行してもリリースノート記載の「Spark1 系と比べて 2 倍から 10 倍」という処理性能は得られないと思われます。

- Spark 活用のためにはクラスタに十分なメモリ容量を搭載すること

  Spark はシャッフルファイルを含むすべてのデータがメモリ（ページキャッシュ）に収まるとき、最も性能を発揮できます。扱うデータ量は処理によって異なるため、小規模なデータで予め試行し、必要なメモリ容量を見積もることを推奨します。メモリの増設が必要な場合はクラスタをスケールアウトしてメモリ総容量を増やすか、1 ノード当たりの物理メモリ容量を増やすことになるかと思います。

- パラメータチューニングは慎重に

  Spark を用いた Hadoop クラスタを構築する際は、机上での設計だけでなく実際の処理やデータを使って試行錯誤しながら慎重にパラメータ等を設定する必要があることに注意してください。

  例えば、ページキャッシュにシャッフルファイルが収まらないとき、シャッフルファイル出力先を HDFS が使うディスクと共用する形で追加することで約 3.6 倍の性能向上を実現しました。ただしこの方法は HDFS のディスクアクセス性能を低下させるため、シャッフルファイルがページキャッシュに収まる場合は処理性能が若干低下します。またパーティション数のように実際に試してみないと最適値が分からないパラメータもあります。

最後になりましたが、本書が Spark を用いたデータ分析システム構築の一助になれば幸いです。

●著者紹介

伊藤 雅博
株式会社 日立製作所
OSS ソリューションセンタ所属。これまでにストレージ装置とその管理ソフトウェアの開発に従事してきた。現在は Hadoop/Spark/HBase を中心としたビッグデータ関連 OSS の導入支援やソリューション開発に従事している。最近は学生時代に取り組んできた機械学習やデータ分析に再び取り組みたいと考えている。

木下 翔伍
株式会社 日立製作所
OSS ソリューションセンタ所属。これまでに IaaS 稼働監視サービスの基盤開発、OpenStack を題材にしたクラウド基盤の運用管理に関する研究、CloudFoundry の検証・評価業務などに従事してきた。現在はビッグデータに関するソリューション開発や OSS の検証業務に従事している。

●スタッフ

- 田中 佑佳（表紙デザイン）
- 伊藤 隆司（Web 連載編集）

本書のご感想をぜひお寄せください
http://book.impress.co.jp/books/1116101159
アンケート回答者の中から、抽選で商品券（1万円分）や図書カード（1,000円分）などを毎月プレゼント。
当選は商品の発送をもって代えさせていただきます。

●本書の内容に関するご質問は、書名・ISBN・お名前・電話番号と、該当するページや具体的な質問内容、お使いの動作環境などを明記のうえ、インプレスカスタマーセンターまでメールまたは封書にてお問い合わせください。電話やFAX等でのご質問には対応しておりません。なお、本書の範囲を超える質問に関しましてはお答えできませんのでご了承ください。

●落丁・乱丁本はお手数ですがインプレスカスタマーセンターまでお送りください。送料弊社負担にてお取り替えさせていただきます。但し、古書店で購入されたものについてはお取り替えできません。

■読者の窓口
インプレスカスタマーセンター
〒101-0051 東京都千代田区神田神保町一丁目105番地
TEL 03-6837-5016 ／ FAX 03-6837-5023
info@impress.co.jp

■書店／販売店のご注文窓口
株式会社インプレス 受注センター
TEL 048-449-8040
FAX 048-449-8041

Apache Spark ビッグデータ性能検証（Think IT Books）

2017年5月11日 初版発行

著 者 伊藤 雅博、木下 翔伍
発行人 土田 米一
編集人 高橋 隆志
発行所 株式会社インプレス
〒101-0051 東京都千代田区神田神保町一丁目105番地
TEL 03-6837-4635（出版営業統括部）
ホームページ http://book.impress.co.jp/

印刷所 京葉流通倉庫株式会社
ISBN978-4-295-00112-6 C3055
Printed in Japan